"十三五"国家重点图书出版规划项目

能源地下结构与工程丛书

层状盐岩溶腔储库原位溶浸建造理论与技术

Theory and Technology of in Situ Solution Construction of
Underground Salt Cavity in Bedded Salt Deposit

梁卫国 等 著

同济大学 出版社
TONGJI UNIVERSITY PRESS

内 容 简 介

本书以层状盐岩水平型溶腔油气储库建造技术与稳定运营作为研究目标,通过试验研究、理论分析以及数值模拟等方法,对层状盐岩与夹层的力学特性、溶解特性、盐岩强度理论以及储库在建造和运营期间的稳定性进行系统研究。与已出版的相关书籍相比,本书突破了以往的研究内容,不局限于层状盐岩在单物理场的破坏,而更多关注了层状盐岩及夹层在多场耦合作用下的溶解特性与破坏机理,并且发展了层状盐岩破坏强度理论,建立了适用范围更广的破坏准则,同时系统地阐述了层状盐岩溶腔破坏的影响因素,为保证层状盐岩溶腔稳定性给出了更可靠的理论依据。

本书适用于盐类矿床开采与地下盐岩溶腔油气储库建造工程领域的研究生及工程技术人员阅读参考。

图书在版编目(CIP)数据

层状盐岩溶腔储库原位溶浸建造理论与技术 / 梁卫国等著. —上海:同济大学出版社,2019.12
(能源地下结构与工程丛书)
ISBN 978-7-5608-8781-4

Ⅰ.①层… Ⅱ.①梁… Ⅲ.①层状油气藏—岩盐开采—地下储气库—研究 Ⅳ.①P618.13

中国版本图书馆 CIP 数据核字(2019)第 225567 号

层状盐岩溶腔储库原位溶浸建造理论与技术

梁卫国 等 著

责任编辑 胡晗欣 　**责任校对** 徐春莲 　**封面设计** 陈益平

出版发行	同济大学出版社　　　www.tongjipress.com.cn
	(地址:上海市四平路 1239 号　邮编:200092　电话:021-65985622)
经　销	全国各地新华书店
排　版	南京文脉图文设计制作有限公司
印　刷	大丰科星印刷有限责任公司
开　本	787 mm×1092 mm　1/16
印　张	11.5
字　数	287 000
版　次	2019 年 12 月第 1 版　 2019 年 12 月第 1 次印刷
书　号	ISBN 978-7-5608-8781-4

定　价　68.00 元

前　言

　　盐类矿床是在适宜的地质与气候条件下,含氯化物、硫酸盐、碳酸盐等不同来源的盐类物质的水盐体系通过蒸发、浓缩、结晶、沉积甚至变形等长期的自然地质作用,形成的天然卤水或固体化学沉积矿床。由于含有人类日常生活的必需品(氯化钠),盐类矿床的开采利用历史悠久;而其他盐类矿物(硫酸钠、氯化钾、碳酸钠等)又是重要的化工原料,因此早被广泛开发与利用。由于地下盐类矿床特殊地质条件及其孔隙率低、蠕变性强、能够损伤自愈合等优良的物理力学特性,自 20 世纪七八十年代以来,盐类矿床开采后形成的巨型溶腔还是石油、天然气地下储存与废物处置的理想场所,并在国际上也有广泛应用。

　　我国自 2000 年以来,随"西气东输"工程在长江三角洲建立地下储气库的需要,开始在江苏金坛为代表的地下层状盐岩溶腔中建造储气库;与此同时,针对我国盐岩矿床地质特征及其储库建造方式,如何快速溶解建造大型地下溶腔储库等技术问题也开始被重视并研究。太原理工大学原位改性采矿理论与技术创新团队,于 2000 年始先后在多个国家青年基金、面上基金、国家杰出青年基金,中国石油天然气股份有限公司西气东输管道公司,以及中国石化集团江苏石油勘探局等项目资助下,针对我国盐岩矿床含夹层、呈层状的特殊地质条件特性,完成了一系列关于盐类矿床溶解特性、力学特性、蠕变特性、大型溶腔溶解流场特征、夹层溶解与力学特性、大型溶腔储库稳定性等内容的研究;并于 2005 年发明了"盐岩矿床水平峒室型油气储库及其建造方法"并获专利(CN100392209C),2015年又发明了"一种水平盐岩溶腔储库的建造方法"并获专利(CN104675433B)。20 年来,课题组围绕层状盐岩矿床地下大型溶腔储库建造理论与技术持续不断进行研究,取得了一定的阶段性研究成果。

　　本书围绕层状盐岩矿床中,建造地下大型盐岩溶腔储库的基础理论与技术,除绪论外,分 6 章内容进行介绍说明。第 2 章为层状盐岩溶解特性,主要通过试验研究层状盐岩中常见易溶与难溶两类盐岩,在不同浓度、温度以及溶液运动状态下的静、动溶解特性;第 3 章为层状盐岩力学特性,通过试验研究盐岩与常见石膏、钙芒硝夹层在不同条件下的强度、变形及长期蠕变特性;第 4 章为溶浸作用下层状盐岩细观结构演化,借助实验室特有的显微 CT 试验设备,对石膏与钙芒硝夹层在不同溶浸条件下,内部细观结构演化特征进行分析,借此分析层状盐岩储库在溶解建造中的损伤与弱化失稳机理;第 5 章为三剪能量屈服准则与层状盐岩界面稳定性,以夹层界面为主要研究对象,进行不同边界与运行条件下界面的稳定性特征分析;第6章为层状盐岩大型溶腔建造工艺与技术,以发明专利技术为主,介绍大型水平储库建造工艺技术,并进行了水平溶腔储库建造过程中 THMC 多场耦合数值模拟;第7章为层状盐岩大型溶腔应用及其稳定性分析,重点介绍作为储气库运行过程中,不同工况条件下储气库整体稳定性与失稳临界条件。

　　本书是课题组多年来一起努力攻关的成果结晶,凝聚了徐素国、高红波、于艳梅、杨晓琴、郝铁生、张传达、于伟东、孟涛、曹孟涛、李宁、杨玉良等多名博士、硕士研究生的辛勤工作与汗水,也饱含着学科方向创始人赵阳升教授的原位改性采矿理论与技术的思想精髓。希望本书的出版对我国层状盐岩矿床高效安全溶浸开采与地下大型溶腔油气储库建造提供一定的理论与技术指导。

　　在著作撰写过程中,参阅了国内外相关专业的大量文献,在此向所有论著作者表示诚挚的谢意!

　　本书是在国家自然科学基金(50304011,50874078,51225404)以及三晋学者支持计划的资助下完成的,在此对上述资助单位表示真诚的感谢!

　　最后,感谢在著作完成过程中给予了支持和帮助的所有朋友和家人!

　　由于作者水平有限,疏漏及不妥之处在所难免,敬请读者批评指正。

梁卫国

2019 年 12 月于太原理工大学清泽园

目 录

Contents

第1章 绪 论

1.1 盐类矿床水溶开采及溶腔应用

1.1.1 盐类矿床

盐类矿床是在适宜的地质与气候条件下,含氯化物、硫酸盐、碳酸盐等不同来源的盐类物质的水盐体系通过蒸发、浓缩、结晶、沉积甚至变形等长期的自然地质作用,形成的天然卤水或固体化学沉积矿床。地表盐湖、地下含高浓度卤水岩层及地下固体盐岩矿都属盐类矿床。表1-1为常见盐类矿物与化学成分。

表1-1 常见盐类矿物与化学成分

类别	矿物与成分
碳酸盐	石灰岩($CaCO_3$),白云岩[$CaMg(CO_3)_2$],纯碱(Na_2CO_3),小苏打($NaHCO_3$),等等
硫酸盐	石膏($CaSO_4 \cdot 2H_2O$),硬石膏($CaSO_4$),芒硝($Na_2SO_4 \cdot 10H_2O$), 无水芒硝(Na_2SO_4),钙芒硝($Na_2SO_4 \cdot CaSO_4$),泻利盐($MgSO_4 \cdot 7H_2O$), 杂卤石[$K_2MgCa_2(SO_4)_4 \cdot 2H_2O$],等等
卤化物	盐岩($NaCl$),钾盐(KCl),光卤石($MgCl_2 \cdot KCl \cdot 6H_2O$),等等
硝酸盐	硝酸钠($NaNO_3$),硝酸钾(KNO_3),硝酸钙[$Ca(NO_3)_2$],等等
硼酸盐	硼砂[$Na_2B_4O_5(OH)_4 \cdot 8H_2O$],等等

我国盐湖资源十分丰富,具有代表性的青藏高原柴达木盆地察尔汗盐湖,盐类沉积始于晚更新世晚期,距今约25 000多年,盐滩成盐结束时期距今也有6 000多年。关于盐湖资源的开发与利用,以中国地质科学院郑绵平院士为代表的科学家们进行了深入系统的研究,并建立了包括盐湖地质学、盐湖化学、盐湖工程学、盐湖生物学及盐湖环境学在内的盐湖学研究体系,成为矿床地质学与湖泊学之外的新分支学科。

地下高浓度卤水以四川自流井最为闻名,其高浓度卤水自中生代地层出。早在20世纪初,当时的国立北洋工学院(现天津大学)采冶系谭锡畴先生即对其成因进行过研究,概其成因有二:①盐质或盐水在气候干燥区域,与含之之地层同时沉积于浅水之中,该区域白垩纪与三叠纪地层均为含有此种盐质或盐水之沉积物;②地面之水流向地下,溶解地层盐质或与所含盐水混合,而成地下盐水,并于白垩纪及深部三叠纪灰岩中聚集赋存。

本书重点关注在地下固体盐类矿床中进行溶解建腔的相关问题,因此对流态的地表盐湖与地下高浓度卤水资源不进行详述。对固体盐类矿床按物质来源划分,可分为海相沉积盐类矿床与陆相沉积盐类矿床。由于海水成分相对单一,而大陆水携带的盐类物质成分与来源比较复杂,因此在漫长的地质年代中,陆相沉积盐类矿床种类与成分均较海相沉积盐类矿床的成分复杂且多变。无论何种成因,由于食盐(NaCl)是人类日常生活的必需品,对盐类矿床的开采利用历史悠久;而其他盐类矿物(硫酸钠、氯化钾、碳酸钠等)又是重要的化工原料,因此早已被广泛开发与利用。近年来,由于地下盐类矿床的特殊地质条件及其孔隙率低、蠕变性强、能够损伤后自愈合等优良的物理力学特性,其开采后形成的巨型溶腔成为了石油、天然气地下储存与废物处置的理想场所,并在国际上已有广泛应用。因此,对盐类矿床控制开采理论与技术、采后溶腔形状检测以及不同功用腔体稳定性分析等问题的研究,越来越受到科学家与工程技术人员的关注。

1.1.2 盐类矿床水溶开采

关于盐类矿床水溶开采技术,原国家轻工业局盐业勘察队王清明发表过多篇文章进行介绍分析,但内容主要是关于水溶开采技术方法的介绍,而关于水溶开采的机理分析则主要基于静态环境下浓度梯度驱动的 Fick 扩散原理。水溶开采的实质是清水通过注入管进入溶腔,非饱和盐溶液在溶腔内边运动边溶解,流体在运移(对流)的同时发生溶质扩散,并且存在着卤水溶液与溶腔固体热量的交换及不同盐类物质溶解吸放热的传递,与此同时溶腔大小与边界也在不断演化。因此,水溶开采的机理是溶液运移(对流)、矿物溶解、固液传热、溶质扩散、腔体变形等多因素作用的固-流-热-传质(THMC)多场耦合作用,而对该复杂作用的机理研究需要进行大量深入细致的试验工作。根据试验研究对水溶采矿机理的深入揭示与认识,发明了一系列新的水溶开采技术,将在本书中进行详细介绍。

众所周知,由于盐类矿床具有易溶于水的特性,其开采方法主要为水溶开采,包括地面钻井地下水溶开采、坑道开挖地下溶浸与地面堆浸相结合的开采方法。对易溶盐矿床,如氯化钠或硫酸钠矿床,一般采用地面钻井地下水溶开采方法;而对钙芒硝难溶盐矿床,在埋深较浅条件下,多采用坑道开挖、地下爆破、洞室溶浸与地面堆浸相结合的溶浸开采方法。

地面钻井地下水溶开采方法,早在1000多年前我国四川就有应用。利用盐类矿物易溶于水的原理,通过地面钻井至地下盐岩矿床,注入淡水溶解盐岩,用压力驱动法采出盐水(俗称卤水),再在地面通过蒸发结晶回收盐类物质。

早期的水溶开采方法主要采用单井对流法,即单一一口井中布设同心管串,内管注水、同心管串环隙出卤(此为正循环),或同心管串环隙注水、内管出卤(此为反循环)。根据流体动力学与传质理论,正、反循环法在溶腔内所形成的流场与溶液浓度分布有很大差别。正循环一般应用于溶解建腔初期,有利于底部盐岩的快速溶解;而反循环一般应用于溶解中后期,有利于底部高浓度盐溶液的高效采出。但是,由于重力作用,在溶腔内盐溶液浓度分布呈"顶部低、底部高"的特征,而盐岩的溶解速率或溶解速度与溶液浓度呈反比关系,即浓度越低溶解越快。为控制溶腔内盐岩顶部向上的溶解速度,扩展溶腔水平侧向空间,通常在溶腔内注入比卤水质量轻的分隔剂——轻质油品或气体,称为单井油垫法或气垫法。

20世纪90年代,随着石油工程定向钻井技术的成熟,该技术逐渐应用于盐类矿床开采领域,即定向对接连通双井对流法。在矿床井田内,先钻一口垂直井(目标井)至盐类矿床,然后在数十米至数百米之外,再钻一口造斜+水平井进入矿层,并在其中水平穿行至目标井底,实现双井连通、对流水溶开采。与单井对流法相比,定向对接连通双井对流法初期造腔时间更短,由于盐岩矿床内水平段盐岩溶解面积更大,生产能力大为提升,该技术被广泛应用并逐渐取代传统单井对流法。但在薄层盐类矿床开采中,由于盐层厚度严重影响盐岩溶腔的向上扩展,单井与双井对流法都受到了严重制约。

2000年,由太原理工大学赵阳升教授带领的团队发明了群井致裂控制水溶开采方法,在薄层及难溶盐类矿床溶浸开采中应用,克服了传统单井对流法与双井对接连通对流水溶法的制约。该方法利用了层状盐岩矿床存在层理界面的地质特征,并利用水力压裂裂缝易于沿抗拉强度最低的层理界面扩展的原理,在层状盐岩矿床中进行群井水力压裂连通、科学调控群井注水与采卤,从而实现该类盐矿床的高效回采与地层均匀沉陷控制。

无论采用何种溶浸开采方法,盐类矿物自身的溶解特性与不同形状腔体中盐溶液运移及流场分布,均是决定矿物溶浸开采效率以及溶腔形状发展演化的关键因素。因此,对层状盐岩中不同盐类矿物(包括夹层内的)在不同溶浸环境条件下的溶解特性、物理力学特性、腔体形状结构演化与其中流场、浓度场分布等进行研究,对深入认识盐类矿物的物理力学特性与盐岩溶腔的控制溶解建造,均具有十分重要的意义与价值。

1.1.3 盐岩溶腔应用

由于盐岩自身致密的物理结构,以及在一定温度、压力下具有极强的流变性特征,溶浸开采后形成的盐岩溶腔通常用来做油气储库或废物处置场所。根据不同用途,对溶腔的基础地质与几何特征均有不同要求。如储气库必须满足一定的储量要求,并且在最大与最小压力之间波动运行时,能够保持储气库的长期稳定与最小容积。要满足这些基本要求,储气库必须在地下一定深度处,一般至少在地下500 m以下;同时,储库空间容积必须在一定量以上,如20万 m^3;储库建造必须避开地质活动带与地层软弱界面,以防止自然与人为活动造成储库失稳与气体泄漏等。以美国墨西哥湾盐丘中建造的储库为例,垂直纺锤形油气储库高度可达数百米乃至十千米,直径为数十米至百米。而在我国,由于盐类矿床地质成因及后期构造运动影响的不同,常见矿床为层理状特征,盐岩单层厚度较薄、盐层间不同岩性的夹层多,无论盐类采用水溶开采,还是油气储库建造,均存在巨大的挑战性。因此,非常有必要对层状盐岩矿床的结构特征、溶解特性、溶浸演化细观机理、储库建造方式、层理面特征及其稳定性等内容进行深入细致的研究。

1.2 层状盐岩矿床特征及其成因

盐岩矿床的形成必须具备以下几个条件：

(1) 盐类物质来源，有海相与陆相之分；

(2) 封闭的地形条件，如海湾、潟湖、盆地；

(3) 干旱气候条件，使盆地内盐水的蒸发量大于补给量，据载泥盆纪、二叠纪和第三纪是世界上最主要的干旱成盐时代；

(4) 地质构造运动，形成隆起和凹陷，沉积的盐类物质被覆盖保存并在挤压力作用下产生变形，如巨厚盐丘的形成。

显然，盐岩矿床多形成于造山作用之后的山前或山间凹地、陆台的内陆凹陷盆地，多产于陆相红色碎屑岩系和海相蒸发碳酸盐相地层中，盐层与石灰岩、白云岩，或盐层与黏土层，构成一套含盐岩系。由于盐岩极强的塑性及高应力作用下的流动性特征，在后期构造应力挤压作用下可产生复杂变形，甚至形成巨厚盐丘构造，如美国墨西哥湾上千米的巨厚盐丘。盐类矿物的沉积顺序为按照溶解度大小依次沉淀，具有明显的沉积韵律和旋回性，从下到上为：碳酸盐岩—石膏或硬石膏—石盐—钾盐—石盐和石膏。

大量地质资料表明，我国盐岩矿床的典型特征为呈层状或似层状，盐岩单层厚度不大，盐岩层间有其他盐类矿物或泥岩夹层。我国江苏金坛、安徽定远、湖南衡阳等地的盐岩矿床均为此特征。

江苏金坛盐岩矿床，赋存于下第三系始新统阜宁组四段矿层，整个含盐层系自下而上由两个横向分布稳定的棕红色及灰～灰黑色夹棕红色泥岩标志层分隔为Ⅰ，Ⅱ，Ⅲ三个矿层。下部Ⅰ号盐岩矿层顶面埋深 910.65～1 216.86 m，厚度稳定，平均厚度 41.75 m；中部Ⅱ号盐岩矿层顶面埋深 838.37～1 143.34 m，平均厚度 64.75 m；上部Ⅲ号盐岩矿层顶面埋深 809.38～1 045.57 m，厚度变化较大，为 6.51～145.17 m，平均厚度 52.67 m。Ⅰ，Ⅱ矿层之间的 ZY1 夹层，岩性为棕红色泥岩，厚度为 0.6～4.91 m，平均厚度 2.88 m；Ⅱ，Ⅲ矿层之间的 ZY2 夹层，岩性一般为灰～灰黑色夹棕红色泥岩，厚度为 0.28～4.8 m，平均厚度 2.47 m。除分隔三个盐岩矿层的两个主要泥岩标志层外，在各个盐岩层内也分布着一些夹层，岩性一般为含盐泥岩。例如，Ⅱ矿层中小的夹层就有 8 层左右，厚度不等，夹层平均厚度 1.1 m。阜宁组四段沉积早期为还原环境和静、动水交替环境下的浅湖相沉积；晚期湖盆闭塞、湖水变浅，成为蒸发岩相。

安徽定远盐岩矿床，赋存于下第三系始新统定远组四段矿层，盐岩层上、下均为灰色、灰黑色泥岩。矿体近东西向展布，分为东、西两个凹陷。西凹陷矿层埋深较浅，盐岩层顶面埋深最浅 268.99 m，盐岩层厚度 36.48～129.99 m，一般为 40～60 m；东凹陷盐岩层顶面埋深 322.27～413.38 m，盐岩层厚度较大，一般为 101.64～185.32 m。盐岩层泥岩夹层一般为 4～12 层,最多 26 层。西凹陷夹层一般为 2～16 层,最大厚度 6.66 m,最小厚度 0.06 m,一般厚度 0.5 m,夹层总厚度 2.2～20.1 m;东凹陷夹层一般为 2～26 层,最大厚度 7.64 m,最小厚度 0.05 m,一般厚度 0.5 m,夹层总厚度 8.14～36.92 m。

湖南衡阳盆地层状硫酸盐氯化物型盐岩矿床,赋存于下第三系霞流市组茶山坳段中,矿床的分布形态受含盐盆地的制约,由盆地边缘向中心依次为硬石膏(石膏)—钙芒硝—石盐,形成不同盐类矿物富集区。硬石膏(石膏)区位于含盐盆地边缘,含盐岩系厚度 100～200 m,无钙芒硝、石盐沉积。钙芒硝区位于硬石膏区与石盐区之间的过渡带,含盐岩系厚度为 200～400 m,钙芒硝矿一般为 1～3 层,累计平均厚度 52.72 m;伴有硬石膏(石膏)沉积,硬石膏矿一般为 0～3 层,厚 0～25.90 m。石盐区位于盆地中部,含盐岩系厚度为 400～800 m,以石盐沉积为主,钙芒硝为次;钙芒硝一般为 1～4 层,累计厚度 6.57～94.29 m,石盐矿体呈层状、似层状产出,矿体内夹石层一般为 4～18 层,单层厚度 0.58～7.18 m,累计厚度 94.3～335.0 m,含矿率>80%。含盐岩系自下而上盐类矿物的垂直分带十分明显,在盆地中心的石盐富集区为硬石膏—钙芒硝—石盐—钙芒硝—硬石膏,完整的蒸发沉积韵律揭示了湖水由逐渐浓缩到浓缩,再逐渐淡化的发展过程。

一般认为,盐类矿床是在近海盆地或内陆盐湖的沉积环境中,在干热气候条件下,盆地或盐湖中的盐水蒸发、浓度不断升高并结晶,其中的盐类物质按照不同的饱和浓度先后沉积,之后又经历一定的构造运动、溶解或化学作用而成藏。海水蒸发试验表明,海水中矿物结晶沉积的先后顺序为 $Fe(OH)_2 \rightarrow CaCO_3 \rightarrow CaSO_4 \rightarrow NaCl \rightarrow MgCl_2$,$MgSO_4 \rightarrow KCl$,$K_2SO_4$。关于盐类矿物沉积理论主要有盆地隔断沉积、环状沉积、片断沉积及循环沉积等,其中,"循环沉积"(cyclic sedimentation)理论对在同一区域内某一类盐岩矿床会在不同时期分别沉积,从而出现地层中交替反复沉积现象进行了很好的解释。如加拿大阿尔伯塔省 Elk Point 组盐岩矿床中,从下到上共有 4 层厚度较大的盐岩矿床,依次为下 Lotsberg salt、上 Lotsberg salt、Cold Lake salt 及 Prairie Evaporite salt。其中,上 Lotsberg salt 和 Prairie Evaporite salt 厚度分别达 120～150 m 与 150～210 m。盐岩层间的泥岩夹层厚度 10～60 m 不等。这一巨大的盐岩矿床是在泥盆纪中期的不同年代先后沉积而成的,阿尔伯塔盐岩矿床位于落基山脉(the Rocky Mountains)以东,与太平洋仅一山之隔。因此,其形成与海水、早期矮山隔断、后期地质运动等密切相关。而我国的层状盐岩多形成于第三系湖盆沉积,基本未经历大型地质构造运动,因此,其层理状特征及其物理力学特性与当时的沉积环境和历史地质运动密切相关。

由上述三个地区典型的层状盐岩地质特征可知,同一时期成藏的层状盐岩,如常见的氯化钠盐岩与石膏盐岩互层,或盐岩与泥岩的互层,主要是由不同盐类物质因不同溶解度而先后沉积所致。如江苏金坛盐岩矿床赋存于下第三系始新统阜宁组,安徽定远盐岩矿床赋存于下第三系始新统定远组,湖南衡阳盐岩矿床赋存于下第三系霞流市组,等等,这些盐岩矿床成藏历史时间短,且多为湖相沉积。以衡阳盆地盐岩矿床为例,其为燕山早期宁镇运动之后,在新华夏系拗陷带基础上发展而成的山间盆地;经检测,盐岩矿床中微量

元素 K^+，Br^-，I^-，B，Sr，Li 含量甚微，与海相沉积盐岩矿床的微量元素变化特征有明显差异，表明其成因为内陆湖相蒸发沉积。

通过上述地质特征分析，可以清楚地看到，由于我国成矿地质条件为湖相沉积，因而盐岩矿床普遍呈近水平层状分布，总厚度较大，但单层厚度相对较薄，不同盐分或泥岩等夹层相对较多。该特征显然不同于美国墨西哥湾经过剧烈地质构造运动作用之后而形成的巨厚盐丘。

对于此类盐岩矿床，无论对其实施水溶开采，还是进行地下大型储库建造，都必须考虑其夹层难溶特性、层理结构特征以及储库的致密稳定性。太原理工大学自 2000 年以来，一直在该方面进行相关理论与技术研究，先后获得多项国家自然科学基金资助，发明多项专利技术，并在现场实施应用且取得了良好效果。

1.3　盐岩溶腔原位溶浸建造理论与技术

"盐岩溶腔"一词已经说明是在盐岩之中，用溶浸方法进行特殊建造而成的腔体。溶浸法是利用盐类矿物易溶于水或与某些化学溶液反应而发生物理或化学改性的特殊采矿方法，由于其生产成本低、技术简单，在盐岩矿床与金属矿床开采中常被采用。

溶浸采矿是根据某些矿物的物理化学特性，将工作剂注入矿层（堆），通过化学浸出、质量传递、热力和水动力等作用，将地下矿床或地表矿石中某些有用的矿物，从固态转化为液态或气态，然后回收，以达到低成本开采矿床的目的。在金属矿开采过程中，溶浸采矿方法包括地表堆浸法、原地浸出法和细菌化学采矿法等。

溶浸采矿彻底改革了传统的采矿工艺，特别是地下原位溶浸采矿，彻底改变了传统地下坑道开采的工艺流程。不仅集采矿、选矿、冶炼于一体，工艺流程简单化；而且残留废弃物留在地下原位，极大地减少了地表占地与环境污染，是一种极其先进的采矿方法。随着地表及浅部资源的逐渐枯竭，由于受高地应力与地温的影响制约，人类急需能探索深部资源的新的开采技术方法，原位溶浸采矿给予我们很大的启示。

原位溶浸采矿的理论基础包含两部分内容：其一，为矿物在水溶液或化学溶液中的溶解反应特性；其二，为以 Fick 扩散定理为基础的动力学原理，该理论基础回答了矿物静态溶浸的基本原理。但在地下大型溶腔溶浸建造过程中，腔体中流体的运移改变着溶液中溶质的传输与分布，进而影响腔体表面固体矿物的溶解；而固体矿物溶解本身又是一个能量交换的过程，加之环境地温的影响，建造过程中存在热量的交换与传递；而腔体中溶液温度的分布进一步影响着其表面矿物的溶解，矿物的溶解反过来再次影响溶质的扩散与对流，如此循环相互作用。显然，这是一个涉及流体运移、矿物溶解、溶质扩散对流、热量交换、固体变形的复杂固-流-热-传质（THMC）多场耦合作用过程，其作用理论也必然是在静态溶浸基本原理基础上的进一步拓展。

早在 2012 年,以多孔介质多场耦合作用为基础,赵阳升、梁卫国等建立了原位溶浸采矿理论架构,包括耦合作用本构规律、多场耦合作用控制方程、多孔介质多场耦合作用控制方程组的求解与数值模拟,以及依据耦合理论求解方法而实施的工程方案制定及复杂规律的研究,并建立了由固体变形控制方程、多孔介质中多相多组分流体动量方程、传质与传热学控制方程,以及耦合控制方程所组成的原位溶浸采矿多场耦合数学模型[如式(1-1)所示],进行了大量工程模拟工作。

$$
\left.
\begin{aligned}
&-\frac{1}{\rho}\frac{\partial p}{\partial x_i}=\frac{\partial v_i}{\partial t}+V_j\frac{\partial v_i}{\partial x_j}\\[4pt]
&\frac{\partial C}{\partial t}=\frac{\partial}{\partial x_i}\left(D_{ij}\frac{\partial C}{\partial x_j}\right)-\frac{\partial}{\partial x_i}(Cv_i)+I\\[4pt]
&\frac{\partial(\rho_w c_{vw}T_w)}{\partial t}=\lambda_w\nabla^2 T_w-(\rho_w c_{pw}T_w k_{fi}p)_i+Q\\[4pt]
&[\lambda(p,\eta)+\mu(p,\eta)]u_{j,ij}+\mu(p,\eta)u_{i,jj}+F_i+(\alpha p)_i=0\\[4pt]
&V_s=V(C,T,t)
\end{aligned}
\right\}
\qquad(1\text{-}1)
$$

该模型中,最后一项公式表示腔体中盐岩溶解速率为溶液浓度、温度及时间的函数,这些数据可通过试验获得;而由于溶解发生的固体变形需要在固体变形方程中计入。与此同时,流体运移与腔体形状及注入产出边界条件有关,而溶质扩散则与流体运移(对流)密切相关,温度方程中的常数项 Q 与地温及盐岩溶解质量或溶解速率有一定联系,这需要由试验或查找相关手册获得。该耦合数学模型求解的难点在于,根据溶腔的单井或双井等不同建造方法,盐岩溶腔初始形状给定后,由于盐岩的溶解,腔体边界随时间与溶解的进行而不断演变,其动态演化直接导致流场的变化,进而影响盐岩溶解及溶腔的再次发展演化。因此,在数值模拟中必须解决腔体边界动态移动的问题,这也是盐岩矿床溶浸开采多场耦合数学模型及其求解与其他耦合模型最大的区别与困难之处。

地下盐岩矿床水溶开采或溶腔建造技术方法,根据生产井的数量与连通方式,分为单井正循环对流法、单井反循环对流法、双井定向对接连通对流法、双井水压致裂连通对流法及群井致裂控制溶采法。

不同的建造技术方法适用于不同的地质条件。其中单井法适用于矿层厚度比较大的矿床,且根据生产运行的不同时期,需选择性采用正循环或反循环对流法。如为加快进度,在建腔初期一般采用正循环对流;而为提高产卤浓度,在生产中后期一般采用反循环对流。而对于矿层厚度相对较薄的矿床,为延长生产井寿命并提高其生产效率,一般宜采用双井或群井压裂连通控制溶采法。定向对接连通技术源于石油工程,该技术具有连通距离可调控、初期生产出卤浓度高、造腔速度快等优点;但存在长距离定向精准对接控制技术难、矿床水平展布不稳定影响钻井与均匀溶解等问题。但在层状盐岩矿床中建造大型溶腔储库,该方法具有其他单井与双井溶采法无法取代的优势。太原理工大学先后发明并获得了"盐岩矿床水平峒室型油气储库及其建造方法(CN100392209C)"专利和"一种水平盐岩溶腔储库的建造方法(CN104675433B)"专利,这两个专利均基于我国层状盐岩矿床盐层厚度薄、夹层多的地质特征,提出了适合于此类地质特征的大型水平储库建造方法。该技术思路受到国际著名盐岩力学专家、加拿大滑铁卢大学 Maurice B.Dusseault 教授的认可,并被应用于由其主持的加拿大安大略省地下盐岩矿床 CAES(Compressed Air Energy Storage)项目。但是,在层状盐岩矿床中,利用定向对接连通技术建造大型水平油气储库,具体建造工艺、洞室直径与顶底板距离、顶底板夹层及界面的长期稳定性等均需要进行深入研究。

在原位溶浸采矿思想的启迪下,太原理工大学发展性地提出了原位改性采矿理论与技术。原位改性采矿是指以多场耦合作用的多孔介质传输理论为基础,借助相关领域科学技术,对矿产资源进行原位物理、化学与力学特性的改造,从而实现地下矿产资源与能源(包括伴生资源)的安全、高效、绿色开采与利用,对易溶或难溶盐类矿床、金属矿床、煤与煤层气等地下矿物的开采都可应用,这是对溶浸采矿的发展与创新,同时也为未来深部资源的开采提供了新的方法与技术思路。

第 2 章　层状盐岩溶解特性

2.1　引言

为了在层状盐岩矿床中建造大型溶腔,首先需要掌握盐类矿物的溶解特性,只有明确了其溶解特性后才能更好地研究大型溶腔的建造方法和工艺。

根据优先选址层状盐矿地质资料,盐岩主要包括氯化钠(NaCl)盐岩和硫酸钠(Na_2SO_4)盐岩,同时夹层中含有钙芒硝[$Na_2Ca(SO_4)_2$]等盐岩。氯化钠盐岩、硫酸钠盐岩属于易溶性盐岩,而钙芒硝盐岩属于难溶性盐岩。处在夹层中的难溶性盐岩会给建腔带来极为不利的影响:一方面,当溶腔半径不够大时,这些与弹性力学中薄板弯曲理论相似的夹层,因不易弯曲而断裂,从而影响建腔速度;另一方面,夹层中的钙芒硝溶解性能差,夹层的存在扰动了流场运移,对控制溶腔形状极为不利。关于夹层及其力学特性我们将在第 3 章中给予分析。

已经有专家学者对盐岩溶解特性做过大量研究,但这些研究均是以盐岩矿床开采为目的,旨在提高盐岩的采出率,没有真正着眼于矿床开采所形成的溶腔形状以及溶腔结构方面的长期稳定性。因此,非常有必要以溶腔建造为目的,研究盐岩的溶解特性。

2.2　盐岩溶解机理

溶解是溶剂(包括水)有选择或无选择地溶解矿物中的可溶性物质的过程,盐岩的溶解是无选择性的溶解。盐类矿物储层溶腔建造过程中的溶剂为水,由水的化学分子式 H_2O 可知,H_2O 是由 1 个带负电的氧离子和 2 个带正电的氢离子组成的。在分子结构上,由于氢和氧的分布不对称性,在接近氧离子一端形成负极,接近氢离子一端形成正极,水分子为一个偶极分子。当水与盐类矿物接触时,组成结晶格架的离子被水分子带有相反电荷的一端所吸引;当水分子对离子的引力足以克服结晶格架中离子间的引力时,盐类矿物结晶格架遭到破坏,离子进入水中。这就是盐类矿物被水溶解的物理-化学过程。

为了研究盐类矿物的致密性,T. Dale[1] 对原始的盐岩做渗透试验,结果显示渗透率非常低,渗透率 k 为 1×10^{-21} m^2;在王清明的盐类矿床水溶开采研究中[2],定义渗透率 k 小于 10^{-17} m^2 的岩石材料为不渗透岩石,并发现盐岩的溶解作用主要发生在矿物的表层,矿物由表及里逐渐溶解。

在初始溶解阶段,溶液的含盐浓度极低,矿物溶解速度快。随时间的延续、溶解的进行,矿物表层附近的溶液浓度逐渐增大,溶液溶解和接收盐类物质的能力逐渐减弱,溶解速度逐渐变慢,而远离矿物表面的溶液浓度依然较低。这样,靠近矿物表层与远离矿物区域的溶液之间就存在一定的浓度差。根据溶质扩散原理,这一浓度差会促使高浓度卤水区域的盐类物质向低浓度方向扩散,从而降低矿物表层附近区域溶液的浓度,增强其继续溶解的能力,直至整个溶液达到饱和,扩散作用才停止进行,这就是盐类矿物的溶质扩散[3-7]。

因此,盐类矿物溶解过程的推动力是溶液的浓度差,但实际上溶解过程是双向的,即溶解和结晶过程同时进行。当溶剂作用到矿物表面时,由于溶质分子本身的运动和溶剂分子对它的吸引,溶质离开固体表面,扩散到溶液中去,同时溶液中的溶质在运动过程中遇到没有溶解的矿物时,又重新从溶液中结晶到矿物表面。也就是说,溶解到溶剂中的溶质分子或离子,在其运动过程中遇到尚未溶解的溶质,有可能被吸引住,重新回到矿物表面上来。边界上的溶解示意如图 2-1 所示。

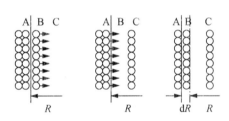

图 2-1 盐类矿物边界溶解示意[8]

图中,A 为盐岩表面,B 为边界的底层,C 为边界的扩散区域,溶解过程可以形象地解释如下:

(1)在溶解的边界区域内,边界底层的盐岩分子在由于浓度差造成的扩散梯度影响下扩散进入扩散区域,致使底层的浓度降低,低于饱和浓度。

(2)盐岩固体表面的盐分子溶解,进入边界的底层,维持浓度的平衡,使底层溶液浓度达到新的动态平衡。

(3)对于溶腔来说,盐岩的溶解会使溶腔半径增大 dR,总的半径变为 $R + dR$,同时溶液在底层的溶腔表面和扩散区域达到新的动态平衡。

显然,溶解刚开始时,溶液中矿物的浓度低,溶解速度大于结晶速度,因此表现出来的似乎只是矿物的溶解。随着溶解过程的进行,溶液中矿物的离子越来越多,浓度越来越大,结晶速度随之增大。当达到一定量时,即溶液中单位时间内溶解的离子数量和结晶的离子数量相等时,溶液中就建立了溶解和结晶的动态平衡:

$$未溶解的溶质 \underset{结}{\overset{溶}{\rightleftharpoons}} 溶液中的溶质$$

此时溶液达到了饱和,该溶液叫作饱和溶液。

盐类矿物在溶解过程中还伴随着热动力现象,既有热量的吸收又有热量的放出。溶解过程中,盐类矿物晶格破坏并在溶液中扩散的过程就是物理过程,本过程同时吸收热量;溶质和水分子结合生成水化物的过程是化学过程,本过程同时放出热量。例如硫酸钠盐岩的溶解过程吸、放热现象比较明显。因此,盐类矿物的溶解是一个物理-化学过程。

2.3 易溶盐岩溶解特性

在层状盐岩矿床大型溶腔建造过程的工程实践中,遇到的易溶性盐岩种类一般有氯化钠($NaCl$)盐岩和无水芒硝(Na_2SO_4)盐岩,本节主要讨论盐类矿床中的氯化钠($NaCl$)盐岩和无水芒硝(Na_2SO_4)盐岩的溶解特性。

2.3.1 NaCl 盐岩溶解特性

我国层状盐岩矿床大型溶腔建造工程实践多集中在 $NaCl$ 盐岩矿床中,同时由于我国已有多年的开采食盐(卤水)历史,因此关于 $NaCl$ 盐岩易溶的溶解特性已有很多研究成果,但是这些研究主要是围绕如何促进 $NaCl$ 盐岩的开采而开展的。

针对盐岩溶腔建造,特别是大型溶腔的建造,需要考虑溶液中溶质浓度对盐岩溶解速率的影响作用。对于圆形或椭圆形溶腔来讲,溶液浓度在层位上有差异,不同溶蚀位置,盐岩的溶解速率有所不同。此外,溶腔内溶蚀位置不同,其溶蚀表面外法线与水平面夹角也不同,我们定义溶蚀表面外法线与水平面的夹角为溶蚀角,实践证明溶蚀角不同,盐岩在溶腔中的溶解速率与溶解速度也不同。为了定量研究盐岩在不同溶蚀角度下的溶解速率及溶解速度,在实验室对 $NaCl$ 盐岩进行试验研究,定量分析了 $NaCl$ 盐岩在不同溶蚀角度及不同温度下的溶解速率及溶解速度。

利用地质勘探取得盐样试件,在实验室内进行两种温度(常温、37℃)、5 种浓度(5 °Bé,10 °Bé,15 °Bé,20 °Bé,25 °Bé)及 5 个溶蚀角度(−90°,−45°,0°,45°,90°)共50 种耦合条件下的盐岩的溶解速率及溶解速度测试。

说明:溶解速度是指单位时间内在盐类矿物(矿石)某个方向上的溶解长度(距离)。单位符号为 cm/h 或 m/d。在本次试验中以测量溶解后留下蜡壳的高度来计算溶解速度。在实际生产中,由于对某个方向的溶解长度(距离)难以测定,常常以"溶解速率"来表示。盐类矿物(矿石)在单位面积、单位时间内所溶解的盐量,称为溶解速率,单位符号为 $g/(cm^2 \cdot h)$ 或 $kg/(m^2 \cdot h)$。

试验中所用盐岩样品取自江苏金坛 $NaCl$ 盐矿。

试验方法:①将 $NaCl$ 盐岩试件蜡封,然后将试件平整一面的石蜡除去,作为在不同溶蚀角度下的溶蚀面;②将试件固定在可以调整角度的溶解架上,固定触点与试件接触处用厚胶皮垫隔,防止接触点处石蜡脱落以及盐岩从禁止溶解处溶解;③按溶解速率的大小不同,分别间隔 10 min、20 min 和 30 min 称量试件的质量,并测量溶液的浓度;④试验中水的体积均恒定为 5 L;⑤溶液的温度控制,采用加热棒进行温度调节,达到设定温度后可以自动停止加热,图 2-2、图 2-3 为试件及试验过程中的照片。

试验设备:量筒、量杯、波美计、电子秤、溶解槽、可调角度的溶解架。

图 2-2　盐岩试件及溶解试验

图 2-3　溶解 10 h 后的盐岩

2.3.1.1　常温下 NaCl 盐岩在不同溶蚀角度下的溶解特性

在常温条件、不同溶蚀角度下对 NaCl 盐岩进行溶解,每间隔 10 min 测量溶解质量一次,试验结果以溶解速率和溶解速度表示,如图 2-4—图 2-8 所示。

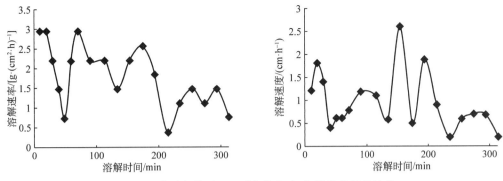

图 2-4　常温条件下、−90°溶蚀角时，盐岩试件溶解特性

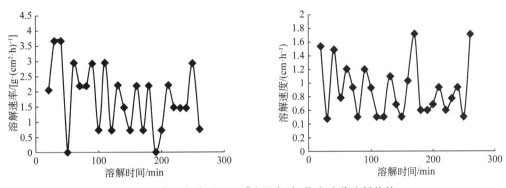

图 2-5　常温条件下、−45°溶蚀角时，盐岩试件溶解特性

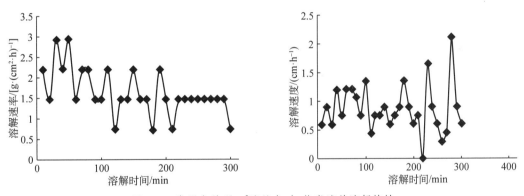

图 2-6　常温条件下、0°溶蚀角时，盐岩试件溶解特性

　　从图中可以分析得出，5 个溶蚀角度条件下，初始溶解速率和初始溶解速度均较高，但随溶解时间的延续，溶液浓度逐渐增大，溶解速率和溶解速度均呈下降趋势。溶蚀角度对溶解速率影响较大，由图可知，90°溶蚀角条件下初始溶解速率最大，为 3 g/(cm² · h)，而 90°溶蚀角条件下初始溶解速率最小，为 0.5 g/(cm² · h)，二者相差 5 倍。由此可得，溶腔在向上溶解时溶解速率最快，向下溶解时溶解速率最慢，这也是溶腔建造过程中控制上溶的主要原因。

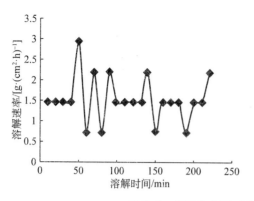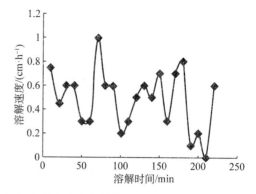

图 2-7 常温条件下、45°溶蚀角时,盐岩试件溶解特性

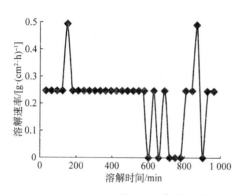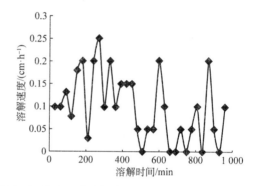

图 2-8 常温条件下、90°溶蚀角时,盐岩试件溶解特性

2.3.1.2 37℃下 NaCl 盐岩在不同溶蚀角度下的溶解特性

溶液温度升高至 37℃,调整溶蚀角度,进行 5 组试验,每间隔 10 min 测量溶解质量一次,试验结果以溶解速率和溶解速度表示,如图 2-9—图 2-13 所示。

由本组试验结果可以看出,在温度升高的情况下,不同溶蚀角度的溶解速率较常温条件下有较大幅度的提高。−90°溶蚀角在常温下的最高溶解速率为 3 g/(cm² · h),温度升高至 37℃时最高溶解速率升高至 6.54 g/(cm² · h),增幅为 1.18 倍;连 90°溶蚀角对应的最低溶解速率也由常温下的 0.5 g/(cm² · h)增大至 1.47 g/(cm² · h),增幅为近 2 倍,可见温度升高对盐岩溶解速率的提升有很大影响。

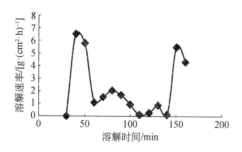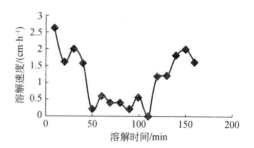

图 2-9 37℃、−90°溶蚀角时,盐岩试件溶解特性

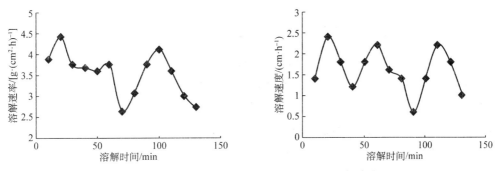

图 2-10 37℃、-45°溶蚀角时,盐岩试件溶解特性

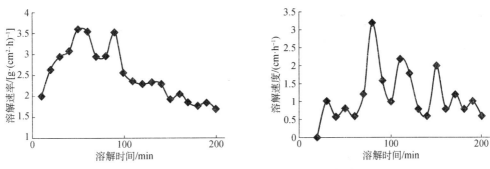

图 2-11 37℃、0°溶蚀角时,盐岩试件溶解特性

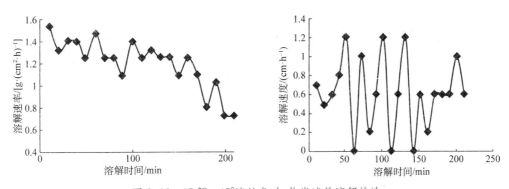

图 2-12 37℃、45°溶蚀角时,盐岩试件溶解特性

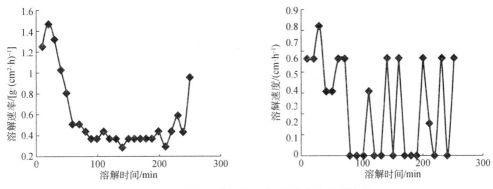

图 2-13 37℃、90°溶蚀角时,盐岩试件溶解特性

2.3.1.3 常温下 NaCl 盐岩在不同浓度及溶蚀角度下的溶解特性

在 $-90°$，$-45°$，$0°$，$45°$，$90°$ 5 种溶蚀角度下，每次固定一个角度，分别进行 5 °Bé，10 °Bé，15 °Bé，20 °Bé，25 °Bé 5 种浓度下的溶解特性试验，以了解同一溶蚀角度、不同浓度的溶解过程中的溶解速率与溶解速度，向溶液中注入淡水以维持浓度恒定。由于溶液浓度增大，溶解速度非常小，不易测量，而且误差比较大，因此只研究浓度对溶解速率的影响。试验结果如图 2-14—图 2-18 所示。

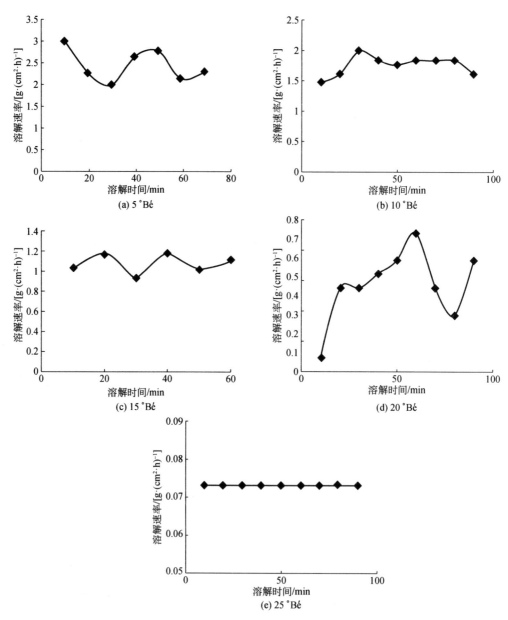

图 2-14　$-90°$溶蚀角时，5 种浓度下盐岩试件溶解特性

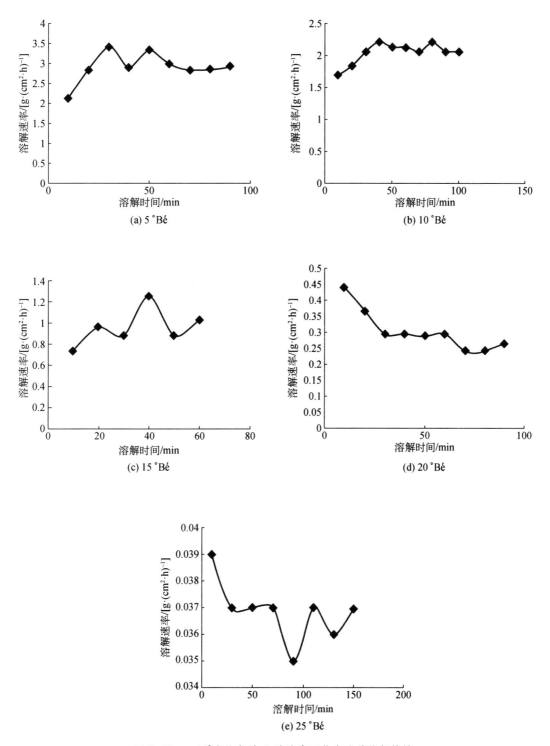

图 2-15　—45°溶蚀角时,5 种浓度下盐岩试件溶解特性

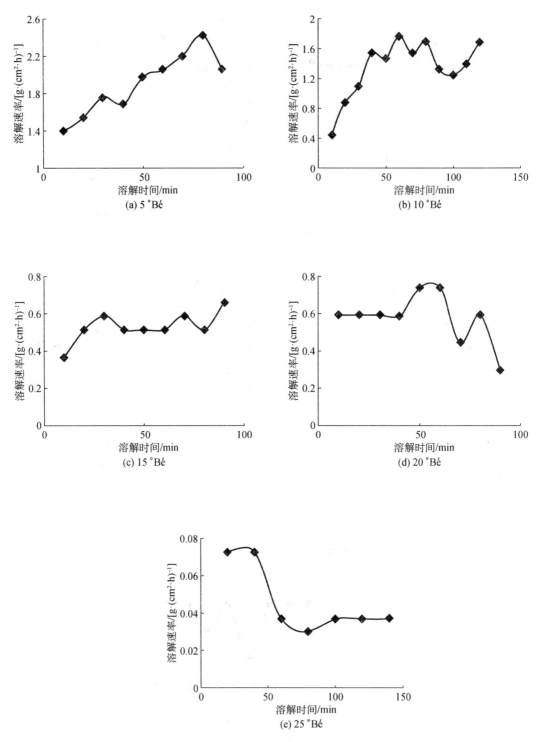

图 2-16 0°溶蚀角时,5 种浓度下盐岩试件溶解特性

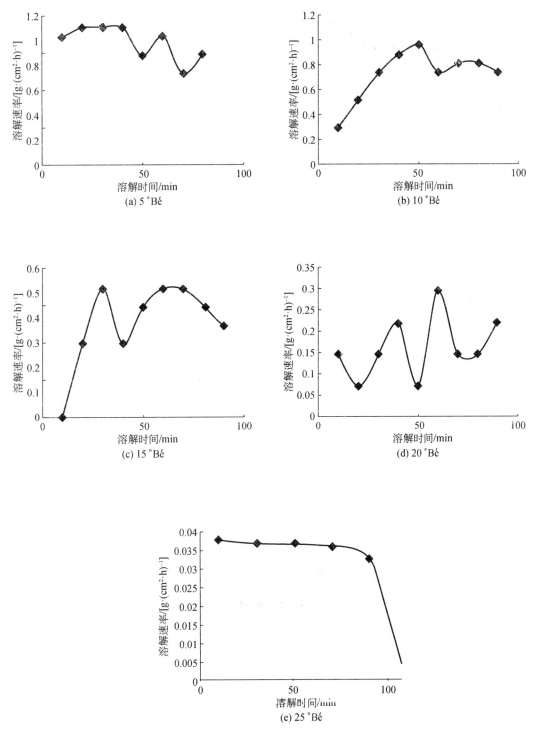

图 2-17 45°溶蚀角时，5 种浓度下盐岩试件溶解特性

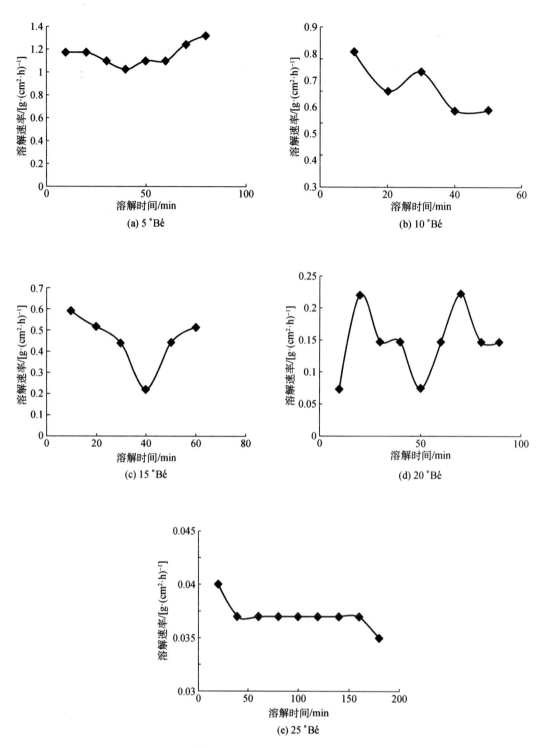

图 2-18　90°溶蚀角时，5 种浓度下盐岩试件溶解特性

在不同浓度以及各溶蚀角度情况下,溶解特性曲线表现与单一条件下类似,具体体现在随时间推移,盐岩试件的溶解速率和溶解速度降低。但由于是在恒定浓度条件下进行的试验,从总体来看,随浓度增大,溶解速率降低,由于溶液浓度很高,短时间内很难测量出溶解速度,因此,部分浓度条件下只计算出溶解速率,而无溶解速度曲线。

2.3.1.4 结果分析

1.溶蚀角度对溶解特性的影响

从图 2-19 和图 2-20 分析得知,随着溶解时间的推移,溶解速率逐渐减小,原因是溶液的浓度随时间逐渐增大,溶液中溶质的量增大。出现上述现象的原因是由于溶解和结晶的同时性,随着浓度的增大,结晶速度也在增大,因此从外观表现为溶解速率的逐渐减小。

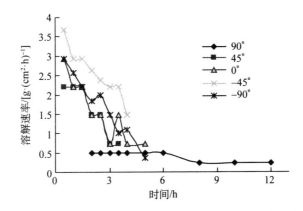

图 2-19 常温条件下,不同溶蚀角度对溶解速率影响变化曲线

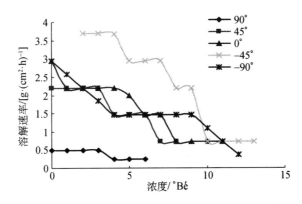

图 2-20 常温条件下,浓度与溶蚀角度对溶解速率影响变化曲线

溶蚀角度对溶解速率产生较大的影响,从向下溶解的 90°,45°到 0°溶蚀角,溶解速率逐渐增大,由 90°溶蚀角的 $0.5\,g/(cm^2 \cdot h)$ 增大到 $3\,g/(cm^2 \cdot h)$,溶解速率提高了 5 倍。一方面的原因是,溶解开始时新溶解下来的溶质密度比水大,其流线的方向在静溶条件下

是向下的,而 90°情况下,新溶解下来的溶质一直聚集在溶蚀表面,只能靠溶质在水中的扩散来实现表面周围溶质浓度的降低,因为是静溶,扩散降低速度很慢,所以溶解速率较低。另一方面的原因是,溶解杂质直接散落在溶蚀表面,会阻止溶解的正常进行。

由图 2-19 可知,−45°溶蚀角下盐岩试件的溶解速率比−90°溶蚀角下的溶解速率大。分析其原因,一方面是溶蚀面积一定的情况下,其溶蚀方向除共同有向下的方向外,−45°溶蚀角时的扩散范围更广泛;另一方面是当溶解到一定程度后,盐岩试件中的杂质会凸现在溶蚀表面,使溶解的有效面积减小,−45°溶蚀角时这些杂质在重力作用下更容易自行去除,使这些溶蚀面得以恢复到原来状态,从而使溶解速率得到提高。

从图 2-20 浓度与溶解速率曲线关系分析得出,溶解速率比较大的角度下,溶解速率下降速度较快。原因是溶解速率大,同时间内溶解到溶液中的溶质浓度上升快,由于溶液中溶质的浓度上升,溶解和结晶的平衡向相反的方向进行得快,导致溶解的溶质比结晶的溶质少,从而使溶解速率急剧下降。

从溶腔建造方面来分析,由图 2-19 可知,随溶解建腔时间的推移及盐岩溶解的进行,一定量体积溶液的浓度在逐步增大,从而使得盐岩的溶解速率逐步降低。溶蚀角度对盐岩溶解速率的影响非常明显,溶蚀角由−45°,−90°,0°,45°至 90°,盐岩的溶解速率逐步降低。当溶蚀角为−45°,−90°,0°时,盐岩的最大溶解速率均高于 2.0 g/(cm² · h),平均溶解速率介于 1.7～1.9 g/(cm² · h)。其中溶蚀角为 0°(侧向溶解)时的平均溶解速率最高,值为 1.88 g/(cm² · h),为向上溶解(溶蚀角为−90°)速率的 1.11 倍;溶蚀角为−45°(斜上溶解)的平均溶解速率为侧向溶解的平均溶解速率的 96.3%,与侧向溶解速率接近。溶解速率最低的方向为向下溶解(溶蚀角 90°),平均溶解速率仅为 0.21 g/(cm² · h),为侧向溶解速率的 11.1%,向上溶解速率的 12.4%。

现场利用声呐实测表明,在腔体建造过程中顶部和侧壁盐岩溶解速率远远高于底部盐岩溶解速率,腔体内底部溶解速率很小,加之盐溶液浓度在铅垂方向上自上而下的"分带现象",底部盐岩的溶解速率几乎为零。由于这一浓度"分带现象"的存在,侧壁盐岩的溶解速率也随高度而变化,越靠近底部,盐溶液浓度越高,盐岩溶解速率也越小。这样,在顶部控制溶解的条件下,如果不考虑其他因素的影响,腔体的形状会逐步发展成为梨形。在实际生产过程中,由于腔体内流场的变化以及管柱位置的不同,浓度的分布受流体运移的影响。如果腔壁附近流体浓度垂向分布保持均一,那么腔壁盐岩溶解也会均匀进行,最终形成的腔体形状可近似圆柱形。

2. 温度对盐岩溶解速率的影响

图 2-21 和图 2-22 为 37℃条件下,不同溶蚀角度对盐岩溶解速率的影响曲线及浓度对溶解速率的影响曲线。由图可见,在温度升高之后,盐岩溶解速率随溶蚀角度的变化趋势与常温条件下相同。溶蚀角由−45°,−90°,0°,45°至 90°,盐岩的溶解速率依然逐步降低。溶蚀角为−45°(斜上溶解)时,平均溶解速率为 3.53 g/(cm² · h);溶蚀角为−90°(向上溶解)时,平均溶解速率为 2.42 g/(cm² · h);溶蚀角为 0°(侧向溶解)时,平均溶解速率

为 2.63 g/(cm² · h)。侧向溶解速率为向上溶解速率的 1.1 倍,与常温条件下的速率关系
(1.1 倍)相同。随温度的升高,不同溶蚀角度下溶解速率有明显提高,如图 2-23 所示。

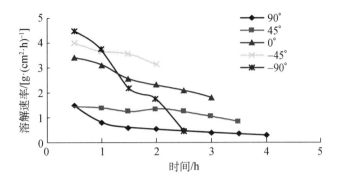

图 2-21　37℃条件下,不同溶蚀角度对溶解速率影响变化曲线

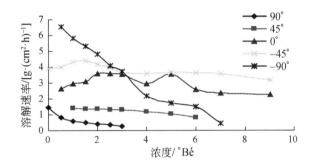

图 2-22　37℃条件下,不同溶蚀角度下浓度对溶解速率影响变化曲线

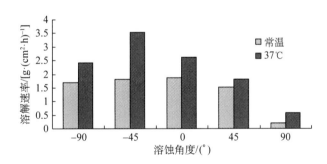

图 2-23　不同溶蚀角度下,盐岩溶解速率(平均)温度影响对比柱状图

与常温条件下相比,腔体内斜向上方向(−45°)的平均溶解速率由 1.81 g/(cm² · h)
增大到 3.53 g/(cm² · h),增幅 95%;而侧向(0°)和向上(−90°)的平均溶解速率增幅也
分别高达 39.9% 和 42.4%。向下溶解速率增幅最大,由 0.21 g/(cm² · h)增大到
0.58 g/(cm² · h),增幅为 176.2%。可见,温度对盐岩溶解速率有着十分明显的影响。
比较结果见表 2-1。

表 2-1 盐岩溶解特性对比

温度	溶解速率/[g·(cm²·h)⁻¹]	溶蚀角度/(°)				
		−90	−45	0	45	90
常温	最大值	2.08	2.40	2.20	1.59	0.24
常温	平均值	1.70	1.81	1.88	1.53	0.21
37℃	最大值	3.12	3.84	2.96	1.40	1.06
37℃	平均值	2.42	3.53	2.63	1.80	0.58
最大溶解速率增幅 /%		50	60	34.5	−11.9	341.7
平均增量 /%		42.4	95	39.9	17.6	176.2

3. 浓度对盐岩溶解速率的影响

在浓度控制溶解试验中,分别在 5 种不同溶蚀角度条件下,将溶液浓度控制在 5 °Bé, 10 °Bé, 15 °Bé, 20 °Bé, 25 °Bé,以期测量这 25 种组合条件下的盐岩的溶解速率。测量统计结果见表 2-2 和图 2-24。

表 2-2 一定溶蚀角度下,不同溶液浓度对溶解速率的影响

溶液浓度 / °Bé	90°		45°		0°		−45°		−90°	
	溶解速率	溶解速度	溶解速率	溶解速度	溶解速率	溶解速度	溶解速率	溶解速度	溶解速率	溶解速度
	g/(cm²·h)	cm/h	g/(cm²·h)	cm/h	g/(cm²·h)	cm/h	g/(cm²·h)	cm/h	g/(cm²·h)	cm/h
5	1.157	0.525	0.982	0.680	1.901	0.670	2.938	1.200	2.444	1.286
10	0.676	0.200	0.718	0.329	1.340	0.425	2.042	0.900	1.754	0.870
15	0.453	0.183	0.375	0.160	0.530	0.250	0.955	0.330	1.077	0.550
20	0.147	0.033	0.163	0.100	0.286	0.160	0.392	0.160	0.457	0.233
25	0.02	0.010	0.031	0.027	0.042	0.023	0.032	0.016	0.045	0.023

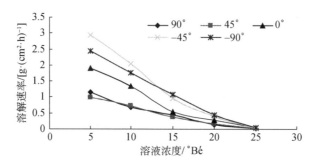

图 2-24 一定溶蚀角度条件下,不同溶液浓度对溶解速率影响变化曲线

从以上的试验数据图表可以看出,随溶解时间的推移,溶解速率逐渐减小。这是由于溶液的浓度随时间逐渐增大,溶液中溶质的量逐渐增大,又由于溶解和结晶的同时性,随着溶液浓度增大,结晶速度也在增大,因此从外观表现为溶解速率的逐渐减小。

溶解角度对溶解速率产生较大的影响,从向下溶解的90°,45°到0°溶蚀角,溶解速率逐渐增大,由90°溶蚀角的 0.5 g/(cm² · h)增大到 3 g/(cm² · h),溶解速率提高了 5 倍。一方面的原因是,溶解开始,新溶解下来的溶质密度比水大,其流线的方向在静溶条件下是向下的,而90°溶蚀角情况下,新溶解下来的溶质一直聚集在溶解表面,只能靠溶质在水中的扩散来实现表面周围溶质浓度的降低,因为是静溶,扩散降低速度很慢,所以溶解速率较低。另一方面的原因是,溶解杂质直接散落在溶蚀表面,会阻止溶解的正常进行。

从浓度与溶解速率曲线关系图可以看出,溶解速率比较大的角度下其溶解速率下降速度较快,原因是其溶解速率大,同时间内溶解到溶液中的溶质浓度上升快,导致溶质的结晶速度逐渐增大,宏观表现为溶解速率下降快。

2.3.2 无水芒硝(Na_2SO_4)盐岩动态溶解特性

在层状盐岩大型储库建造过程中,另外一种常见的盐岩为硫酸钠也叫无水芒硝,化学分子式为 Na_2SO_4,本节研究无水芒硝盐岩动态溶解特性,揭示芒硝矿体溶解速度与溶液温度、浓度之间的物理关系,为层状盐岩大型储库建造提供参考。

图 2-25 芒硝样品及溶解后再结晶形成的芒硝晶体

1. 样品采集

试验样品采集自江苏洪泽无水芒硝矿,其主要成分为无水硫酸钠。图 2-25 为钻孔取芯的芒硝矿体及溶解后再结晶形成的晶状物。图 2-26 为溶解数小时后的芒硝矿。由该图可以看出盐岩内含有很多泥岩小夹层,对溶解效率有一定的影响。

图 2-26 溶解数小时后的芒硝矿样

2. 试验装置

（1）试验设备。

试验设备由保温桶、大烧杯、加热棒、天平、搅拌器、温度计、量杯等组成，如图 2-27 所示。

图 2-27　试验设备、装置

（2）恒温措施。

① 溶解容器：传热性能良好的大烧杯。

② 外部绝热层：密封的保温桶。

③ 恒温层：在保温桶及烧杯内加一定温度的水，这样在保温桶与烧杯之间形成一个恒温层。

④ 监测装置：在大烧杯及恒温层内分别放置一支温度计以监测温度。

3. 试验方案

恒温盐岩溶解：用保温桶、导热性能良好的烧杯及加热棒来控制溶液温度，使其保持在某一恒定值。为了反映其溶解特性，对芒硝盐样做了数次恒温溶解试验，温度分别设置在 20℃，25℃，30℃，35℃，40℃，45℃，50℃，55℃。

4. 试验过程

① 用天平称出芒硝矿物的质量。

② 将纯净水加热到某一温度，用量杯量取一定量的水加入保温桶及大烧杯内。

③ 将芒硝矿放入网兜中，然后一起置于大烧杯中，切忌用手接触溶液，以免溶液被带出。

④ 封闭保温桶，放置好温度计，开动电动搅拌器持续搅拌，模拟动态溶解，并开始计时。

⑤ 试验过程中一直观测溶液温度，以确保恒温溶解，当温度过高时，在恒温层中加入少许低温水；当温度过低时，打开加热棒加热片刻。

⑥ 每 0.5 h 测一次溶液浓度，并取出未溶矿物称重，然后放回烧杯。

⑦ 当溶液浓度变化很小时停止试验，取出剩余矿物及残渣并称重。

5. 试验结果及分析

不同温度下,溶解试验测得的不同溶解时间的溶液浓度如图 2-28 所示,由于篇幅有限,未列出不同时间未溶矿物的质量。由未溶矿物质量推算出矿物与溶液的接触面积。

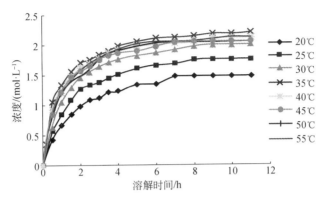

图 2-28 不同温度下溶解试验测得的不同时间的溶液浓度

已知质量求表面积公式:

$$矿物表面积 = \frac{溶解质量}{芒硝溶解速率 \times 溶解时间}$$

计算得出的不同温度下不同溶解时间芒硝矿的溶解速率如图 2-29 所示。

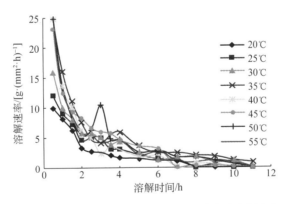

图 2-29 不同温度下不同溶解时间芒硝矿的溶解速率

(1) 溶液浓度对盐岩溶解速率的影响。

从化学动力学观点看,溶液浓度与饱和溶液浓度之差是芒硝矿发生溶解反应的化学势之一。二者差值越大其溶解速率就越大,当溶液浓度为 0 mol/L 时,差值最大,芒硝矿溶解速率达到最大值;当溶液浓度等于溶液饱和浓度时,差值为零,芒硝矿溶解速率为零。在一定条件下,芒硝矿溶解速率随浓度呈加速递减。

(2) 溶液温度对盐岩溶解速率的影响。

通过对芒硝矿溶解特性试验结果进行数据分析,得出不同浓度条件下芒硝矿溶解速率与溶液温度的关系曲线,如图 2-30 所示。

由图 2-30 可知,对于一定浓度的芒硝溶液,如果芒硝溶解度较低,溶液浓度与饱和溶液浓度差值较小,容易达到饱和,而在接近饱和的溶液中芒硝的溶解速率是非常小的;如果芒硝溶解度较高,溶液浓度与饱和溶液浓度差值较大,存在较大化学势,芒硝溶解速率较大。在几组试验中测得芒硝矿体溶解速率在 35℃时达到最大值,表现为其拟合曲线系数比 30℃时高出 1 倍左右。其余的矿体溶解速率由大到小排序依次为温度在 40℃,45℃,50℃,55℃,30℃,25℃,20℃时。另外,同等条件下 35~55℃之间芒硝矿体溶解速率显著高于 30℃以下芒硝矿体溶解速率,因此芒硝开采温度不宜低于 30℃。

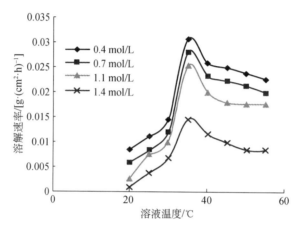

图 2-30　溶解速率与溶液温度关系曲线

1.1 mol/L 下拟合曲线方程为

$$\left.\begin{array}{l} V=0.000\,2e^{0.137T},\ T<32.38℃ \\ V=-0.016\,2\ln T+0.081\,2,\ 32.38℃\leqslant T<55℃ \end{array}\right\} \tag{2-1}$$

1.4 mol/L 下拟合曲线方程为

$$\left.\begin{array}{l} V=0.000\,1e^{0.129\,7T},\ T<32.38℃ \\ V=-0.013\,5\ln T+0.062,\ 32.38℃\leqslant T<55℃ \end{array}\right\} \tag{2-2}$$

由设定温度下芒硝矿体溶解速率与浓度关系拟合曲线方程以及一定浓度下芒硝矿体溶解速率与温度关系拟合曲线方程,得出溶解速率与浓度、温度之间的关系式:

$$\left.\begin{array}{l} V=a_0 e^{a_1 T}+a_2(\ln C+b_0),\ T<32.38℃ \\ V=(b_2\ln T+b_1)(\ln C+a_3),\ 32.38℃\leqslant T\leqslant55℃ \end{array}\right\} \tag{2-3}$$

式中:$a_0=-0.000\,71$,$a_1=0.103\,4$,$a_2=-0.002\,58$,$b_0=-3.122$,$b_1=-0.147$,$b_2=0.032\,26$,$a_3=-3.452\,6$。

芒硝矿是一种特殊的盐岩,由于其溶解度随温度呈向上折线变化,导致其溶解速率、浓度随温度变化情况较为复杂。从芒硝溶解试验可以得出以下结论:

(1)通过试验揭示了芒硝矿体溶解速率随溶液浓度和温度的变化规律,获得了相关关系的曲线方程。

(2)在一定温度下,芒硝矿体溶解速率随浓度呈对数递减。当溶液浓度趋近于该温度下饱和溶液浓度时,芒硝矿体溶解速率趋近于 0 g/(mm² · h)。

(3)在一定浓度下,芒硝矿体溶解速率随温度呈非对称正态分布曲线变化,其变化趋势与溶解度随温度变化趋势较为接近。35℃是较理想的开采温度,该温度下芒硝的溶解速率高于同浓度、同流速及其他温度下的溶解速率。

2.4 难溶盐岩溶解特性

在大型盐岩溶腔建造过程中,经常遇到不溶于水的夹层出现在盐岩层中,使盐岩成为层状盐岩。常见夹层的主要类型有泥岩、石膏、钙芒硝等。其中泥岩、石膏不溶于水,其与层状盐岩储气库相关的就是力学特性,不涉及溶解的问题;而钙芒硝既作为夹层又作为一种矿产资源被广泛开采。在层状盐岩矿床大型储库建造过程中,钙芒硝夹层也随盐岩矿床的溶解而溶解,其溶解特性对处理大型溶腔的"隔板"(储气库建造过程中层状盐岩中厚层不溶物,如石膏夹层、钙芒硝夹层等)问题有重要的意义,因此在室内进行了钙芒硝水溶特性试验。

岩样取自江苏某盐矿夹层,该盐岩为钙芒硝,其中硫酸钠含量在 30%～40%,硫酸钙含量同硫酸钠含量相当。钙芒硝成分及质量百分含量如表 2-3 所示。用岩芯钻机将矿石加工成 $\phi50\ mm \times 50\ mm$ 的圆柱形试件,进行溶解试验。

表 2-3   钙芒硝的组成成分及含量

成分	钙芒硝	石英	绿泥石	云母	蒙脱石	伊利石/蒙脱石混层	其他
含量	75%	4%	5%	4%	2%	6%	4%

芒硝在 32.4℃时的溶解度最大,因此我们选择在 30℃左右的水中静溶试件。把试件和溶解容器放到 40℃的恒温箱内(HG101-3A 电热鼓风干燥箱),此时水温符合芒硝溶解度最大时的温度。每隔 24 h 用天平测量一次溶解质量,溶解 15 d 后,称量溶液质量,测量溶液波美度。取出试件,在 105℃温度下干燥 24 h,测量其含水率。

对试验结果做如下分析,如图 2-31 和图 2-32 所示。

(1)溶解视质量和溶解实质量。

首先需要说明的是,视质量是指钙芒硝试件在溶解过程中减少的质量。

从图 2-31 可以分析得出钙芒硝在水中的溶解和其他盐矿一样,随溶解时间的增加,溶解量也在增加,但是溶解曲线的斜率越来越小,也就是说,溶解增加的趋势越来越小。

由常识可知,矿物在被溶解下来的同时,溶剂(水)也进入了矿物,所以我们看到的视质量仅仅是溶解下来的矿物与进入矿石中水的差值。因此有必要引入钙芒硝在水中溶解的实际质量曲线。

钙芒硝盐岩的密度为 2.697 6 g/cm³,实际测得其初始含水率为 0.3%,溶解 15 d 后测量其含水率为 23.5%,由此可知钙芒硝矿石在水中浸溶过程中的含水率是动态变量,假设其含水率是符合线性关系的,由此可以计算出其斜率为 0.008 6,所以含水率随时间变化的方程为

$$\gamma = 0.3 - 0.008\ 6t \tag{2-4}$$

确定含水率也就确定了每一时刻矿石的实际质量。可比较图 2-31 和图 2-32,从曲线的斜率可以看出,单位时间内实际溶解的质量比溶解的视质量要大。

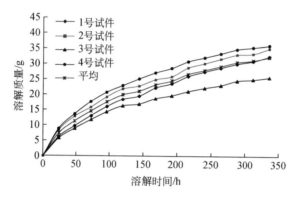

图 2-31　钙芒硝在水中溶解视质量曲线

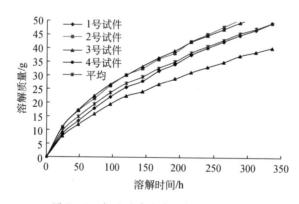

图 2-32　钙芒硝在水中溶解实质量曲线

(2) 溶解速率和溶解速度。

与盐类矿物水溶特性关系最密切的是溶解速率和溶解速度,关于二者的区别,前面章节已有叙述。

利用式(2-5)计算钙芒硝在不同时间点的溶解速率:

$$\frac{dQ}{dt} = \frac{k_2 q_2 - k_1 q_1}{s_t} \qquad (2-5)$$

式中 k_1，k_2——溶液中芒硝的浓度，g/mL；

　　　q_1，q_2——溶液的体积，mL；

　　　s_t ——此时的溶蚀面积，cm²；

　　　t ——溶解时间，h。

如图 2-33 所示，钙芒硝的溶解速率呈下降趋势，造成这种趋势的原因是溶液中溶质浓度的增加使钙芒硝溶解的化学势降低。开始溶解时浓度最低，溶解速率最大，一旦浓度增加，溶解速率急剧下降，中间有波浪趋势，是由溶解过程中温度变化所造成的，对结果的影响不大。

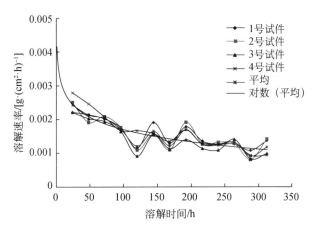

图 2-33　钙芒硝在水中溶解速率曲线

对于溶解速度的计算，由于钙芒硝难溶，无法通过直接测量溶解厚度来换算得到溶解速度，因此通过把某一时间段的溶解质量换算成溶解质量的体积，然后以初始表面积为参照面，计算这一时间段的溶解速度，计算公式为[8]

$$v_t = \Delta G_t / (\rho \cdot S_t \cdot \Delta t) \qquad (2-6)$$

式中 v_t ——第 t 个时间段的溶解速度，cm/h；

　　　ΔG_t ——第 t 个时间段内溶解的质量，g；

　　　ρ ——钙芒硝的容重，g/cm³；

　　　S_t ——开始溶解时的溶解表面积，cm²；

　　　Δt ——溶解时间，h。

图 2-33 和图 2-34 的趋势基本相同，对其平均溶解速率和溶解速度进行了拟合，钙芒硝在水中的溶解速率曲线方程为

$$v_t = -0.000\,5\ln(t) + 0.004\,1 \qquad\qquad (2-7)$$

钙芒硝在水中的溶解速度曲线方程为

$$v = -0.000\,2\ln(t) + 0.001\,5 \qquad\qquad (2-8)$$

式中　v_t——溶解速率，$g/(cm^2 \cdot h)$；

　　　v——溶解速度，cm/h；

　　　t——溶解时间，h。

由以上试验可以看出：钙芒硝的溶解是一个物理-化学过程，影响溶解的关键因素是矿物的组成，温度、浓度、溶解外部条件等对钙芒硝的溶解也会产生一定的影响。

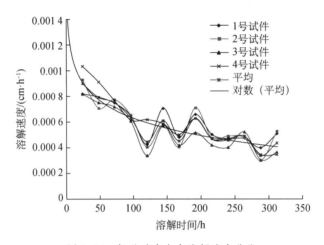

图 2-34　钙芒硝在水中溶解速度曲线

到此为止，我们研究了芒硝盐岩的水溶特性，得出了一些有益的结论和结果，为在层状盐矿层中建造地下油气储库做了必要的理论研究，为储库的建造方法提出了建议。

2.5　本章小结

本章阐述了盐岩溶解基本原理并进行了溶解动力学分析，具体对层状盐岩大型溶腔建造过程中常见的易溶性和难溶性盐岩进行了相关的溶解试验。主要对易溶性的氯化钠（$NaCl$）、硫酸钠（Na_2SO_4）盐岩进行了试验研究并得出了相应的溶解规律；对难溶性的钙芒硝[$Na_2Ca(SO_4)_2$]盐岩进行了水溶试验，得出了相应的结论。为层状盐岩大型溶腔建造过程中及时了解各种盐岩溶解特性提供参考。

第3章　层状盐岩物理力学特性

3.1 引言

层状盐岩是指由不同化学组分、不同物理力学特性的非盐夹层与盐岩层交替而形成的互层岩体。盐岩的主要成分为 NaCl，纯净的盐岩通常为无色透明或白色晶体，由于混入物的不同，也可能呈灰、蓝、褐、红等色；晶体结合较为紧密，孔隙率极低；其硬度为 2～2.6，密度为 2.1～2.2 g/cm^3；常见的夹层有泥岩、硬石膏、钙芒硝等。由于层状盐岩成分的复杂性以及层间结合方式的不同，直接导致层状盐岩物理力学特性的多样性。

在盐岩地下工程中，层状盐岩的物理力学特性是储库设计的重要参数，同样备受国内外众多学者的关注，从最初的静态力学特性(单轴压缩、三轴压缩)以及静态的渗透率试验研究发展到循环载荷、不同加载路径、不同温度等条件下的宏、细观试验研究。

在宏观特性方面，Sriapai[9]通过对泰国马哈沙拉堪地区的盐岩进行真三轴压缩试验发现，改进的 Wiebols and Cook 准则比传统准则(Coulomb 准则、DP 准则等)更能反映盐岩的真实强度。郝铁生[10]基于层状盐岩真三轴试验结果，从剪切应变能理论建立了适用于层状盐岩的全应力状态的强度准则。Fuenkajorn[11]，Wisetsaen[12]，Roberts[13]等对盐岩进行了循环载荷条件下的单轴、三轴试验，发现盐岩的单轴压缩强度和黏塑性均会随着加载频率的增加而减小，盐岩的拉伸强度会随着温度的升高而降低，而在三轴条件下，循环载荷并不比静态载荷更容易使盐岩产生扩容。陈结、姜德义等[14]进行了盐岩三轴围压卸载试验发现，与常规三轴压缩试验不同的是围压卸载即出现扩容。Zhu[15]建立了盐岩细观到宏观的黏性损伤模型，成功模拟了不同应力条件下的盐岩损伤。Bauer[16]认为盐岩破碎并重新黏结后的热、力学特性是其孔隙率和温度的函数，层状盐岩的热传导率会随着孔隙率的增加而迅速降低，而其热扩散性只和温度有关。梁卫国等[17]对比了含石膏夹层盐岩和含泥岩夹层盐岩的单轴和三轴压缩条件下的破坏特性，指出变形能力最弱的或最强的材料控制着整个试验样本的破坏特性；由于盐岩比石膏、泥岩变形能力较强，在夹层和盐岩界面存在很大的变形差异；而加载速率对层状盐岩强度及弹性常数的影响很小，盐岩的破坏方式也随加载速率的不同而基本保持不变。刘伟等[18]对我国平顶山硬石膏泥岩、金坛灰质泥岩以及淮安含盐泥岩三种典型夹层材料的渗透性进行了试验研究，结果表明各种夹层的渗透率较低，可以满足储气库密闭性的要求。李银平等[19]对含倾斜夹层的层状盐岩进行了单轴、三轴压缩试验研究，指出含有中厚度夹层的盐岩比含有薄夹层的盐岩更容易在界面处产生裂隙。姜德义等[20]利用相似材料压制了含软弱夹层型盐,并进行了试验研究,结果表明,软弱夹层对盐岩的力学特性影响显著,随着夹层厚度比的增加,含软弱夹层盐岩的单轴抗压强度、弹性模量均逐渐降低;在相同夹层厚度比条件下,其单轴抗压强度随夹层数量的增加而升高;而对于含有多个夹层的盐岩,其强度、弹性模量会随着夹层间距的增大而逐渐降低。

在细观方面,杨春和、纪文栋等[21]通过 CT 扫描发现,夹层与盐岩交界层面并非一个平整面,而是呈锯齿状起伏特征,二者交界面具有较高的剪切强度,不容易产生损伤。但张桂民[22]依托湖北应城盐矿地质和试验资料,将层状盐岩界面分为化学沉积界面(强界面)和机械沉积界面(弱界面),并指出弱界面一般存在于不连续沉积的突变界面处,并建立了渐变型界面和突变型界面两种不同剪切强度的弱界面模型。其进一步研究发现渐变型界面可以较好地传递盐岩和夹层由于变形不协调产生的附加作用力,因而不容易产生破损,而突变型界面则极易产生损伤。刘伟[23]通过电镜扫描试验发现盐岩和泥岩的界面分为明显型和过渡型,均结合紧密,渗透率较低,同时指出盐岩界面不是一个平整的面或软弱带,二者的力学属性存在显著的差异。但界面作为物理性质变化的过渡带,应力作用下该处出现的变形不协调或扰动损伤可能导致增加渗透性能的微裂纹产生。

太原理工大学原位改性采矿教育部重点实验室研究团队针对我国层状盐岩的赋存特征以及矿物组成特点,进行了一系列层状盐岩物理力学特性的试验研究,揭示了层状盐岩在常规和高温、溶浸等特殊条件下的力学响应,为合理利用地下层状盐岩大型溶腔进行石油、天然气存储以及核废料等有毒、有害物质的地下安全处置提供了充分的试验基础。

3.2 层状盐岩常规力学特性

3.2.1 纯盐岩、夹层以及层状盐岩单轴压缩力学特性

由于地质成因不同,各地盐岩所含矿物元素的晶体结构及其品位有很大不同,因此其力学特性也有所不同。本次试验采用取自湖北应城盐岩的加工层状盐岩标准试件(图3-1),可以很清晰地展现层状盐岩分层的特点,两个样本上、下两层均为盐岩,中间为石膏夹层,但各层厚度均有所不同。为了比较层状盐岩受各层力学特性的影响,同样制取了纯盐岩和纯夹层试样。

表 3-1 给出了三种岩性试样单轴压缩试验的结果,可以看出与大量孔隙率较低的石膏相比(单轴强度高达 100 MPa),石膏夹层的强度偏弱仅为 24 MPa 左右;三类岩石试样中,石膏夹层的平均强度最高,其次是层状盐岩,最后为纯盐岩,但三者强度数据比较接近,由于本次试验样本数量偏少,如若对三者强度做出严格界定,还需进行大量试验,后续章节将进行进一步验证。

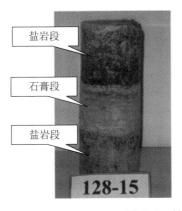

图 3-1　层状盐岩试验样本

表 3-1   三类岩石试样单轴压缩试验结果[24]

岩性	编号	长度/mm	直径/mm	峰值应力/MPa	峰值应变	弹性模量/GPa	泊松比
石膏夹层	163-23-1	227.1	90	23.72	0.11	20.9	0.2
石膏夹层	163-23-2	234	89.5	24.11	0.16	22.6	0.27
纯盐岩	116-24	174	88.1	20.27	0.54	4.4	0.31
纯盐岩	117-4	205.5	84.5	17.06	0.52	5.9	0.31
层状盐岩	128-15	218.0	81.7	23.29	0.47	7.6	0.16
层状盐岩	140-21-1	195.0	88.6	17.29	0.52	5.3	0.3

图 3-2 为纯盐岩、石膏夹层、层状盐岩三种试样的应力-应变曲线。可以看出,石膏夹层的平均弹性模量最大,大约是其余两类岩石的 4 倍,层状盐岩比纯盐岩的弹性模量略高;三类岩石的峰值应力对应的轴向应变,纯盐岩最大,石膏夹层最小,层状盐岩介于二者之间;石膏夹层脆性较大,而层状盐岩和盐岩均表现出良好的塑性;从三者的泊松比可以看出,盐岩横向变形最大,层状盐岩次之,石膏夹层最小;三类岩石的破坏形式均为纵向劈

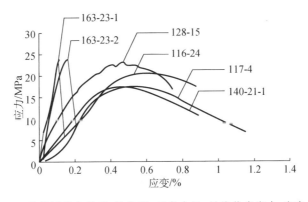

图 3-2　单轴压缩条件下,纯盐岩、石膏夹层、层状盐岩应力-应变曲线

裂,但层状盐岩的破坏方式却有所不同,如图 3-3 所示。在层状盐岩中,由于石膏层与盐岩层变形能力的差异,在二者交界面上,必然产生附加横向应力,变形能力小的石膏层将受到附加横向拉应力的作用,而盐岩层受到附加横向压应力的作用,由于岩石材料拉伸强度远远小于压缩强度,因此,140-21-1 和 128-15 两个试样的劈裂均先出现于石膏夹层,而后扩展至盐岩层中。

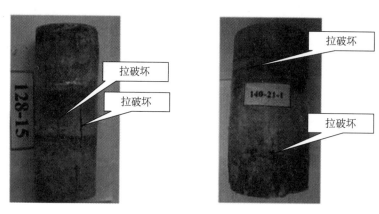

图 3-3　单轴压缩条件下,层状盐岩破坏结果

总体来说,在单轴压缩条件下,层状盐岩与大多数岩石类似,通常分为压密阶段、弹性变形阶段、塑性变形阶段以及破坏阶段。若矿床埋深较大,由于承受较高的地应力,层状盐岩本身结构更加致密,压密阶段会缩短,甚至消失。再有,其单轴抗压强度及弹性模量也会随各地矿床埋深以及成分不同而有所差异,埋深越大,单轴抗压强度越高,弹性模量也越大。我国各地区的夹层材料,如江苏淮安、湖北云应、河南平顶山等地,夹层材料强度均高于纯盐岩,而泊松比较小。因此,层状盐岩的破坏形式普遍与本次试验相同。但除了夹层力学特性以外,资料表明,我国的盐岩矿床夹层的赋存特征复杂,如夹层层数、厚度、倾角等,均会直接影响层状盐岩的力学特性,3.2.2 节将进行详细对比试验。

3.2.2　夹层赋存特征对层状盐岩单轴压缩力学特性影响因素分析[25]

国内众多学者[26-28]对含夹层盐岩的力学特性进行了研究,均认为夹层对层状盐岩的强度及变形等特性影响显著。从表 3-1 的试验结果也可以看出,与纯盐岩相比,石膏夹层的存在使得层状盐岩的压缩强度、弹性模量、泊松比均有所不同。因此,有必要进一步了解夹层的赋存特征(厚度、数量、倾角等)以及石膏类脆硬夹层与盐岩的变形差异对层状盐岩的力学特性的影响。

传统试验均采用钻孔取芯的方法加工试样,在取芯过程中,层状盐岩受到冷却水作用,容易发生软化,并且钻床的机械振动也很容易造成试样损坏,直接导致大部分含夹层盐芯在加工过程中都已破坏,尤其夹层一般很难完整取芯,并且试样的夹层特性、厚度及分布特征难以根据需要选取,试验数据的离散性很大,难以反应层状盐岩力学特性受夹层赋存特征变化的影响。为此,本节利用人工自制夹层和天然盐岩,自行压制了层状盐岩试样,如图 3-4 所示。

| (a) 喜马拉雅纯盐岩试样 | (b) 自制层状盐岩试样 |

图 3-4　试验试样

本次制作含夹层盐岩试件的盐岩均选自产于巴基斯坦的喜马拉雅盐岩,该盐岩纯度较高,其成分主要是 NaCl(98.54%),其次还含有 Ca,Mg,Fe 等矿物质,使其呈现粉红色;由于水泥可以遇水自然凝固,且可以和其他岩石较好地黏结在一起,同时具有强度高、变形小等特点,可以有效模拟实际盐层中的脆硬夹层,如湖北云应地区硬石膏夹层。若水泥与其他材料配比,强度降低后,还可以模拟软弱夹层[29]。因此,选用 325 号纯水泥与细沙配比制作夹层,夹层为脆硬夹层。具有相同夹层特征的盐岩都用 3～5 个试样进行压缩试验,然后选取与力学特性参数平均值相近的 1～3 个试样作为代表试样进行分析,代表试样的几何参数见表 3-2。其中 7 号、8 号、9 号试样为含水平单夹层试样,10 号、11 号、12 号试样为含水平双夹层试样,13 号、14 号试样为对夹层进行加厚的试样,15 号、16 号、17 号试样为含倾斜单夹层试样。

表 3-2　　　　　　　　　　　　　代表试样几何特征

编号	岩性	高度/mm	直径/mm	夹层平均厚度/mm	夹层数量/个	夹层倾角/(°)	试验条件
1	纯夹层	100.1	50.2	—	—	—	单轴压缩
2	纯夹层	101.2	49.3	—	—	—	单轴压缩
3	纯夹层	100.1	51.1	—	—	—	单轴压缩
4	纯盐岩	99.3	49.6	0	0	—	单轴压缩
5	纯盐岩	100.1	49.4	0	0	—	单轴压缩
6	纯盐岩	101.3	48.9	0	0	—	单轴压缩

编号	岩性	高度/mm	直径/mm	夹层平均厚度/mm		夹层数量/个	夹层倾角/(°)	试验条件
7	含夹层盐岩	99.6	49.4	11.1		1	0	单轴压缩
8	含夹层盐岩	101.3	49.5	9.1		1	0	单轴压缩
9	含夹层盐岩	99.7	49.6	8.8		1	0	单轴压缩
10	含夹层盐岩	100.1	49.6	上夹层 10.1	下夹层 8.5	2	0	单轴压缩
11	含夹层盐岩	98.5	51.1	上夹层 9.2	下夹层 7.3	2	0	单轴压缩
12	含夹层盐岩	101.2	51.3	上夹层 9.9	下夹层 7.2	2	0	单轴压缩
13	含夹层盐岩	101.1	51.1	20.1		1	0	单轴压缩
14	含夹层盐岩	98.8	52.1	28.2		1	0	单轴压缩
15	含夹层盐岩	99.5	49.4	8.1		1	20.2	单轴压缩
16	含夹层盐岩	99.1	49.6	8.5		1	19.8	单轴压缩
17	含夹层盐岩	100.2	51.1	10.3		1	30.0	单轴压缩

1. 纯夹层、纯盐岩与含水平单夹层盐岩力学特性对比分析

表 3-3—表 3-5 分别给出了纯夹层、纯盐岩以及含水平单夹层盐岩的单轴压缩试验结果。对比分析可知，夹层材料的单轴压缩强度、弹性模量均高于纯盐岩，而泊松比又小于纯盐岩，自制夹层材料符合脆硬夹层的特征；与纯盐岩试件相比，由于增加了脆硬夹层，含夹层盐岩试件整体的弹性模量、单轴抗压强度均有所增大，而盐岩层和夹层部分的泊松比变化很小。本次试验结果再次验证了上节的试验结果，层状盐岩由于含有脆硬夹层，其单轴压缩强度高于纯盐岩，而弹性模量的增加相当于提高了其刚度，从而使得层状盐岩的轴向变形能力低于纯盐岩，二者峰值应力时的轴向应变分别为 4% 和 5%。

表 3-3　　　　　　　　　　　纯夹层试件力学特性参数

试件编号	单轴抗压强度/MPa	弹性模量/GPa	泊松比
1	30.34	2.98	0.18
2	31.64	2.79	0.16
3	30.74	0.96	0.12
均值	30.91	2.24	0.15

表 3-4		纯盐岩试件力学特性参数	
试件编号	单轴抗压强度/MPa	弹性模量/GPa	泊松比
4	27.58	1.00	0.37
5	25.30	0.86	0.41
6	24.72	0.80	0.39
均值	25.87	0.889	0.38

表 3-5		含水平单夹层的盐岩试件力学特性参数		
试件编号	单轴抗压强度/MPa	弹性模量/GPa	泊松比	
			盐岩	夹层
7	29.70	1.24	0.42	0.16
8	27.21	1.17	0.37	0.152
9	27.14	1.41	0.40	0.34
均值	28.01	1.27	0.40	0.22

从图 3-5 中,可以看出含夹层试样中,盐岩层与夹层表现出很强的横向变形差异,直接导致夹层受到了附加横向拉应力的作用,故其破坏形式与上节完全相同,仍然是由夹层扩展至盐岩的轴向劈裂,如图 3-6 所示。

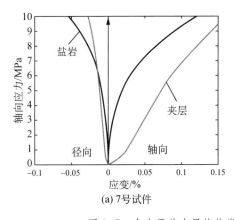
(a) 7号试件

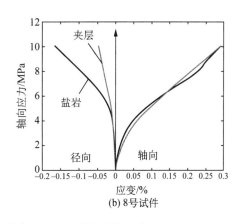
(b) 8号试件

图 3-5　含水平单夹层的盐岩试件中夹层与盐岩变形差异对比

2. 夹层数量对层状盐岩单轴压缩力学特性影响分析

考虑到层状盐岩中,夹层的数目也会对其力学特性产生影响,为此,除含单一夹层盐岩试件外,本次试验还设计了含双夹层盐岩试件,其中 10 号、11 号、12 号为代表试样,夹层间距均为 10 mm。为了与含单一夹层盐岩 7 号、8 号、9 号试件具有可比性,10 号、11

(a) 7号试件   (b) 8号试件

图 3-6   含水平单夹层盐岩破坏形式

号、12 号盐岩试件的上夹层的平均厚度为 9.6 mm，与 7 号、8 号、9 号试件基本一致；而下夹层平均厚度略薄，为 7.67 mm。含双夹层盐岩试件力学特性参数如表 3-6 所列。可以看出，与含单一水平夹层盐岩相比，含双夹层盐岩由于脆硬夹层数目的增加，其弹性模量从 1.27 GPa 增加至 1.31 GPa，载荷达到峰值时的轴向应变也由 4% 降低至 3%；但盐岩与夹层径向变形差异进一步加大，如图 3-7 所示，直接导致其单轴抗压强度从 28.01 MPa 降低至 20.21 MPa，降幅达 27.8%。

表 3-6   含水平双夹层的盐岩试件力学特性参数

试件编号	单轴抗压强度/MPa	弹性模量/GPa	泊松比	
			盐岩	夹层
10	20.17	0.92	0.45	0.31
11	23.77	1.41	0.54	0.20
12	19.69	1.60	0.45	0.09
均值	20.21	1.31	0.48	0.20

10 号、11 号、12 号试件的破坏形式与含单水平夹层的盐岩相同，也均表现为轴向多个面劈裂破坏，如图 3-8 所示。值得指出的是，尽管试件具有两个夹层，且上夹层厚度略大于下夹层，试件最初的轴向裂纹几乎在两个夹层同时产生，然后向盐岩层扩展，形成劈裂。

3. 夹层厚度对层状盐岩单轴压缩力学特性影响分析

为了衡量夹层厚度对含夹层盐岩的影响，本次试验还设计了含夹层厚度比接近于 20%，30% 的试样，其中 13 号、14 号试件为代表试样，夹层厚度分别为 20.1 mm 和 28.2 mm，其夹层厚度分别达到了 7 号、8 号、9 号试件平均厚度的 2.08 和 3.01 倍，其力学特性参数如表 3-7 所列。可以看出，虽然夹层平均强度比盐岩高，在显著增加夹层厚度后，含夹层盐岩的单轴抗压强度与 7 号、8 号、9 号试件相比并没有增加，反而大幅降低，甚至

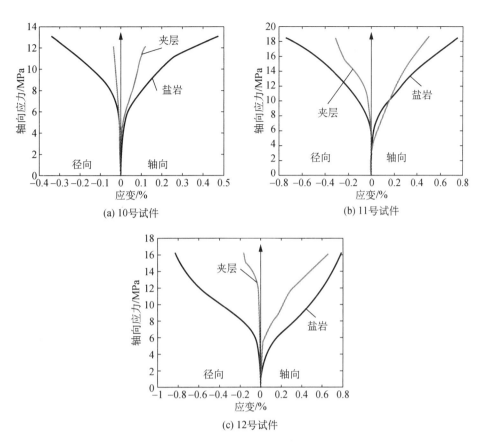

(a) 10号试件

(b) 11号试件

(c) 12号试件

图 3-7　夹层与盐岩变形差异对比

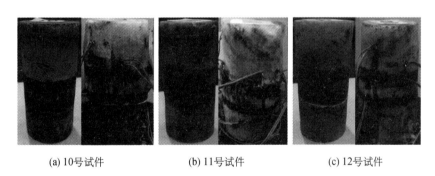

(a) 10号试件　　　　(b) 11号试件　　　　(c) 12号试件

图 3-8　含水平双夹层盐岩破坏前后对比

表 3-7　　　　　　　　含不同厚度水平单夹层的盐岩试件力学特性参数

试件编号	单轴抗压强度/MPa	弹性模量/GPa	泊松比	
			盐岩	夹层
13	22.21	1.63	0.45	0.26
14	20.05	1.14	0.37	0.23

低于盐岩本身的单轴抗压强度。由此可知,所含夹层本身的强度大小并不是影响含夹层盐岩单轴抗压强度的唯一因素,夹层厚度也对其有较大影响。

夹层厚度对试件整体单轴压缩强度的影响机理非常复杂。由于盐岩和夹层变形上的差异,在二者交界面会产生附加的横向应力,因此,就夹层部分来讲,并不是处于均匀的单向压缩状态,除了轴向压缩应力外,还有附加的横向张拉应力,在后续章节会进行详细理论分析。当夹层厚度较薄时,夹层整体处于界面附加张拉应力的影响范围。13 号、14 号试件与 7 号、8 号、9 号试件破坏形式相同,均表现为由夹层扩展至盐岩层的轴向劈裂破坏,如图 3-9 所示。从图 3-5、图 3-10 可以看出,当含夹层厚度比为 10% 时,夹层和盐岩部分径向变形差异最小;当含夹层厚度比为 30% 时,夹层和盐岩部分径向变形差异最大。由此可知,随着夹层厚度的增加,试件的夹层和盐岩部分将表现出更大的径向和轴向变形差异,这直接导致夹层将承受更大的张拉应力,从而造成 13 号、14 号试件整体抗压强度比 7 号、8 号、9 号试件明显降低。另外,根据岩石力学理论中试件的尺寸效应,在高径比小于 2 范围内,试件的单轴压缩强度随高径比的增加呈下降趋势,因此,夹层厚度的增大意味着夹层本身高径比的增加,即夹层本身强度降低,从而导致含夹层盐岩整体强度也减小。再有,夹层厚度的增大也意味着夹层内部存在裂隙和缺陷的可能性增大,也会导致试件强度降低。

(a) 13号试件

(b) 14号试件

图 3-9　含水平加厚单夹层盐岩破坏前后对比

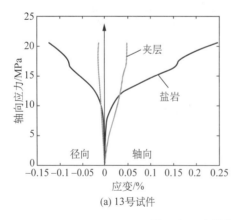
(a) 13号试件

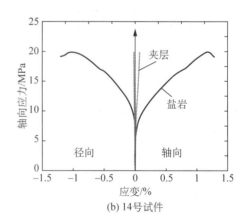
(b) 14号试件

图 3-10　夹层与盐岩变形差异对比

4. 夹层倾角对层状盐岩单轴压缩力学特性影响分析

在实际地层中,夹层产状不一定水平,更多地表现为倾斜夹层。为了衡量夹层倾角对含夹层盐岩强度的影响,本次试验设计了夹层倾角分别接近20°和30°的含夹层盐岩试件,其中15号、16号、17号试件为代表试样,其夹层倾角分别为20.2°,19.8°和30°。试验结果显示,由于夹层不再保持水平,3个试件表现出了与含水平夹层盐岩截然不同的破坏形式,如图3-11所示。16号试件为纯粹的夹层-盐岩交界面滑移破坏,盐岩和夹层部分均没有产生轴向劈裂。而15号、17号试件的破坏过程较为复杂,在最初的加载阶段,在夹层-盐岩交界面产生了细微的滑移;随着载荷的进一步增大,夹层产生劈裂,并且扩展至盐岩部分;与夹层-盐岩交界面滑移破坏相比,劈裂破坏占了主导地位,整体破坏形式最终表现为劈裂。

(a) 15号试件

(b) 16号试件

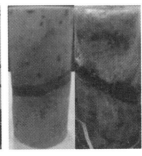
(c) 17号试件

图 3-11　含倾斜单夹层盐岩破坏前后对比

表3-8给出了15号、16号、17号试件的力学特性参数。由于16号试件为界面滑移破坏,其单轴抗压强度、弹性模量大幅降低。而15号、17号试件中,虽然夹层-盐岩交界面强度较高,其整体破坏仍然表现为从夹层扩展至盐岩的轴向劈裂,但由于其夹层倾角的影响,其单轴抗压强度、弹性模量均略低于含水平单夹层试件(7号、8号、9号试件),如图3-6所示。将15号和17号试件对比分析,可以看出倾角越大,单轴抗压强度、弹性模量越小。

表 3-8　　　　　　　　含倾斜单夹层的盐岩试件力学特性参数

试件编号	单轴抗压强度/MPa	弹性模量/GPa	泊松比	
			盐岩	夹层
15	26.87	1.126	0.45	0.20
16	4.59	0.595	0.47	0.19
17	25.83	1.040	0.53	0.18

本次试验着重研究脆硬夹层的赋存特征对层状盐岩力学特性的影响。但在实际工程当中,夹层的岩性极其复杂,除了脆硬夹层外,还会存在软弱夹层,其单轴抗压强度、弹性模量比盐岩低,泊松比甚至大于盐岩。若层状盐岩所含夹层为软弱夹层,试验资料表明:其单轴抗压强度会随着夹层厚度的增加而降低,这一点与含脆硬夹层一致,但轴向应变和横向应变的变化趋势则与含脆硬夹层时相反,呈增加趋势;另外,随着夹层数目的增加,其单轴抗压强度、弹性模量均会增加,这一点也与含脆硬夹层时不同。

3.2.3 纯盐岩、夹层以及层状盐岩三轴压缩力学特性对比分析

工程岩石一般处于三向应力状态,所以,研究层状盐岩在三轴压缩条件下的变形和破坏更具有工程实际意义。本次试验样本仍然取自湖北应城盐矿,表 3-9 给出了石膏夹层、纯盐岩、层状盐岩三类岩石分别在围压 5~15 MPa 时的三轴压缩试验结果。随着围压的增加,三类岩石的峰值应力均表现为增大,在低围压时(5 MPa, 10 MPa),层状盐岩介于其他两类岩石之间,但当围压为 15 MPa 时,层状盐岩却为最大,由于试验样本数量偏少,还需进行进一步验证;从图 3-12 可以看出,石膏在 5~15 MPa 围压下的峰值应变均小于 1%,表现为一种脆弹性岩石,而纯盐岩在高围压条件下,表现出很强的延性,其峰值应变高达 10%,仍然没有显现出破坏,层状盐岩的变形能力介于二者之间;三类岩石的变形特征和破坏形式也各不相同,纯盐岩在低围压时,由于晶界受到拉伸应力,表现为很强的横向体积膨胀,石膏夹层的破坏形式为沿着与轴向成 30°~50° 的某个角度的剪切破坏,而层状盐岩的破坏形式较为复杂,其夹层和盐岩部分分别表现出了纯石膏夹层和纯盐岩的破坏特征,如图 3-13 所示。

表 3-9　　　　　　　　　　　三类岩石试样三轴压缩试验结果[30]

岩性	编号	长度/mm	直径/mm	围压/MPa	峰值应力/MPa	峰值应变/%	弹性模量/GPa	泊松比
石膏夹层	171-26-2	192.8	90.0	5	59.8	0.21	61.8	0.43
石膏夹层	171-26-3	193.0	90.0	10	63.2	0.56	17.3	0.10
石膏夹层	169-12	192.0	89.8	15	73.5	0.37	32.7	0.29
纯盐岩	115-25	233.4	87.4	5	42.9	2.27	20.4	0.59
纯盐岩	129-10	234.8	87.1	10	70.7	10.60	20.8	0.59
纯盐岩	110-31	232.2	87.0	15	71.6	10.40	25.2	0.44
层状盐岩	149-21	178.0	88.3	5	50.3	1.86	10.3	0.21
层状盐岩	121-18-1	166.6	88.5	10	65.9	0.75	19.6	0.12
层状盐岩	128-21	207.0	86.3	15	81.2	3.21	24.1	0.69

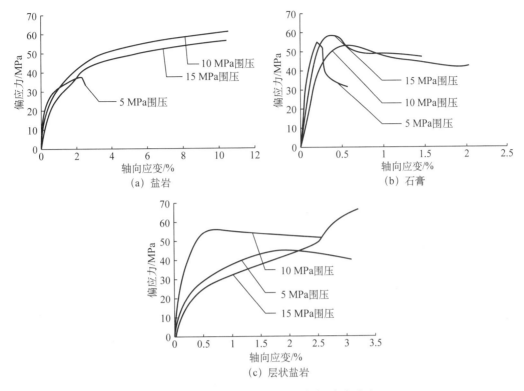

图 3-12　三类岩石三轴压缩应力-应变曲线

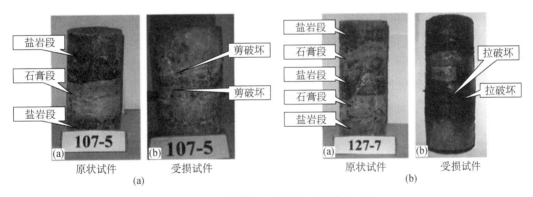

图 3-13　层状盐岩三轴压缩破坏前后对比

　　值得注意的是,三轴压缩试验分为两种形式,如图 3-14 所示。当轴向压力大于围压时[图 3-14(a)],即常规三轴压缩,简称三轴压缩;而当围压大于轴向压力时[图 3-14(b)],由于试样沿轴向为伸长变形,则称为三轴拉伸。若区分这两种形式的三轴试验,不能以简单的峰值应力去描述试件的强度,而应以试样破坏时的 $\sqrt{J_2}$(J_2 为第二应力偏量不变量)来界定,资料表明在三轴拉伸条件下,层状盐岩产生扩容的极限应力要比三轴压缩时低 30%。

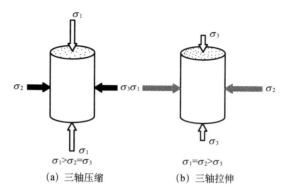

(a) 三轴压缩   (b) 三轴拉伸

图 3-14　三轴压缩和三轴拉伸示意图

3.2.4　钙芒硝盐岩剪切力学特性[31]

盐岩在剪切载荷作用下抵抗剪切破坏的最大剪切应力称为抗剪强度,又称剪切强度,是反映其力学性质的重要参数之一,由摩尔-库仑理论可知,抗剪强度由黏聚力 C 和内摩擦阻力 $\sigma\tan\varphi$（φ 为内摩擦角）两部分组成。本次研究试验样品均取自于江苏洪泽地下 2 200 m 深的无水芒硝矿藏,矿物成分为无水芒硝盐岩（Na_2SO_4）及钙质无水芒硝,属于层状盐岩常见的难溶盐类夹层材料。依据岩石力学试验标准,剪切强度试件为 50 mm × 50 mm × 50 mm 的立方体。试验方法采用楔形剪切试验,采用 40°、45°、50°、55° 4 个不同角度的剪切模具进行。无水芒硝试件特征及试验结果见表 3-10,由试验结果所绘的无水芒硝试件的强度曲线如图 3-15(a) 所示,由最小二乘法获得其线性回归方程为 $\tau = 7.7 + \sigma\tan 20.6°$,其黏聚力为7.7 MPa,内摩擦角为 20.6°。相应图 3-15(b) 为钙质无水芒硝试件的强度曲线,其线性回归方程为 $\tau = 8.3 + \sigma\tan 18.3°$,其黏聚力为 8.3 MPa,内摩擦角为 18.3°。可见,钙质无水芒硝试件的黏聚力高于无水芒硝,而内摩擦角却较小。另外,在无水芒硝试件的剪切破坏试验过程中,当载荷增加到极限值时,试件并不破坏,而是沿剪切面开始产生错动,错动位移达 10 mm 左右,之后才发生破坏,压力回零,表现出明显的塑性变形韧性破坏的特征。

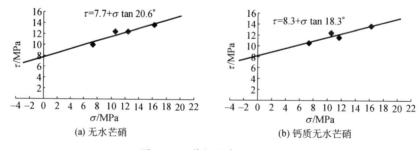

(a) 无水芒硝   (b) 钙质无水芒硝

图 3-15　剪切强度回归曲线

与芒硝类盐岩相比,典型盐岩(主要成分为 NaCl)的剪切破坏过程基本类似:在剪切初期,首先是盐岩内部由于晶粒错动,开始产生裂纹,并不是直接沿预定的剪切面开始破坏;随着剪应力的增大,剪切应变也逐渐增大。资料表明:与纯盐岩和夹层材料相比,层状盐岩达到剪切应力极限的时间要短,并且达到剪切应力极限后,达到残余剪切强度的时间也较短;层状盐岩由于包括盐岩和夹层两种材料,其交界面的剪切强度更值得关注,杨春和通过电镜扫描发现,该界面并不是一个平整面,而是锯齿状,盐岩颗粒和夹层颗粒在界面上相互紧密嵌入,同时还存在一个盐岩颗粒和夹层颗粒相互混杂的过渡区,因此该界面不是一个弱面,其抗剪能力与纯盐岩相当,甚至高于纯盐岩。

表 3-10 无水芒硝盐岩抗剪强度试验结果

剪切角/(°)	试件编号	试件尺寸/mm×mm×mm	特征描述	破坏载荷/kN	σ/MPa	τ/MPa
40	1	51×51×51	晶状,致密	57	16.78	14.09
	2	47×51×47	晶状,致密	48	16.65	13.97
	3	51×51×51	晶状,致密	52	15.31	12.85
45	1	51×51×53	晶状,致密	49	12.92	12.92
	2	51×51×51	晶状,致密	46	12.50	12.50
	3	51×51×51	晶状,致密	44	11.87	11.87
50	1	51×51×47	晶状,致密	41	11.03	13.14
	2	51×51×51	晶状,致密	42	10.38	12.36
	3	51×51×48	晶状,致密	39	10.21	12.16
55	1	51×48×51	晶状,致密	33	7.28	10.39
	2	47×51×51	晶状,致密	31	7.43	10.60
	3	49×51×50	晶状,致密	33	7.35	10.50

3.2.5 循环载荷作用下盐岩力学特性[31]

在盐穴储气库正常使用过程中,由于周期性注采气,储库围岩一定范围内岩体遭受反复加卸载作用,但这一反复加卸载不同于一般岩土工程。为保障盐穴储气库的力学稳定,储气库采气量有一最低限值。因此,储气库反复加卸载是在一定基础压力上进行的。而一般岩土工程需要对围岩进行开挖与支护,从而造成围岩彻底卸载后再加载。为此,有必要研究盐岩在一定基础压力上循环加卸载的力学特性,以期为我国在建的层状盐穴储气库的安全稳定运营提供指导。

本次试验首先加工了 5 个盐岩试样,均为直径 50 mm、高径比 2∶1 的标准圆柱形试样,其中试样 A,B,C 为江苏洪泽无水芒硝试样,试样 D 为江苏洪泽含钙质泥岩夹层芒硝试样,试样 E 为江苏金坛氯化钠盐岩试样。金坛氯化钠盐岩晶体颗粒明显大于洪泽芒硝,层状芒硝试样中钙质泥岩夹层厚度 18~20 mm。本次试验为循环加卸载单轴压缩试验,试验过程中,起始卸载点选择在 5 MPa 以上,每次循环卸载终止点约为 5 MPa。

表 3-11 给出了试样的基本力学特性参数,图 3-16 为各试样的应力-应变曲线。

表 3-11　　　无水芒硝盐岩、钙芒硝盐岩及氯化钠盐岩循环加卸载试验结果

试样编号	峰值强度/MPa	杨氏模量/GPa			峰值强度对应应变/%
		宏观值	加载过程	卸载过程	
A	13.9	4.3	13.3	15.3	0.60
B	9.1	4.2	12.5	16.3	0.30
C	9.4	3.8	12.9	13.9	0.35
D	13.1	4.7	13.8	14.8	0.30
E	15.6	1.2	12.1	12.7	1.98

　　3 个芒硝盐岩试样中,试样 A 的峰值强度及对应的应变高于试样 B 和试样 C,但仍在试样个体差异范围之内。因此,取三者平均值,得到芒硝的峰值强度为 10.8 MPa,峰值强度点对应的应变为 0.42%。与非循环方式简单加载单轴压缩试验结果[32] 相比,表现为强度降低趋势(强度降幅较大,为试样个体及试验条件差异所致),而对应峰值强度应变相差无几。由此可知,对芒硝盐岩而言,循环加卸载使得其强度降低,但对应峰值强度点的应变变化不明显。本次试验中,循环次数为随机数,无法看出强度与循环次数的关系,但从能量理论角度分析,二者应该存在相关性。

　　在单轴压缩的过程中,由于横向膨胀变形,试样表面会产生拉应力。但由于夹层变形能力比盐岩弱,在一定变形条件下,试样表面夹层部位衍生的张应力会首先达到抗拉强度而破裂。因此,含夹层试样的强度与变形主要受夹层影响与控制。本次试验中,试样 D 中含钙质泥岩夹层,呈水平分布,厚度为 18~20 mm,试样的破裂为夹层部位的表面张裂,循环加卸载条件下的峰值强度为 13.1 MPa,高于相同条件下纯芒硝试样的平均值 10.8 MPa;但峰值点对应应变却低于纯芒硝试样,这主要由于夹层变形能力差所致。由此可见,在循环加卸载条件下,含夹层盐岩体的强度与变形仍然受夹层的影响与控制。试样 E 为金坛盐岩,循环加卸载条件下峰值强度为 15.6 MPa,对应的应变为 1.98%。而在简单加载条件下的峰值强度为 13.45 MPa,对应峰值强度点的应变为 1.75%。由于试样数量少,试验结果还不足以说明循环载荷作用下的峰值强度一定比简单载荷作用下的高。但与芒硝试样的结果相比,在此种作用方式下试样强度并没有降低,而对应峰值点应变也略有提高。

　　从图 3-16 中可以看出,5 个试样在初期循环加卸载过程中应力-应变曲线基本闭合,不存在塑性变形恢复滞后所形成的滞回环。而随着应力水平的提高以及循环次数的增加,滞回环略有显现,但与砂岩[33] 及大理岩[34] 相比,该滞回环很小,表明盐岩具有较强的变形与及时恢复能力。

　　杨氏模量实质为表征材料在一定载荷作用下的弹性变形能力,通常取材料应力-应变

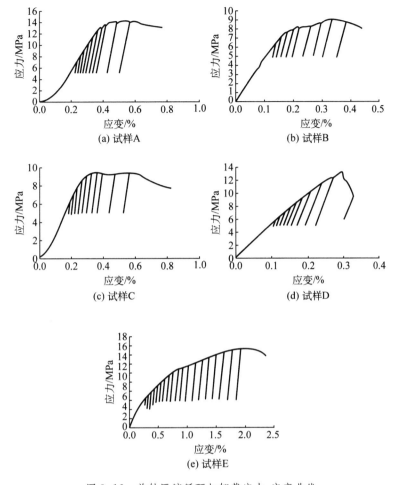

图 3-16　单轴压缩循环加卸载应力-应变曲线

曲线中直线段斜率。对于致密理想弹性材料,在弹性极限范围内,反复加卸载应力-应变曲线应当完全重复,不存在卸载后的残余变形,也不存在卸载变形滞后所致的滞回环。加载超过弹性极限、进入塑性变形阶段之后,由于塑性变形的出现,反复加卸载作用下,应力-应变曲线会沿新的轨迹发展,再加载曲线与卸载曲线一般不重合,加卸载曲线斜率增大,表现为材料硬化。为比较循环加卸载过程中材料变形能力的差异,需对加卸载阶段的杨氏模量进行分别定义。加卸载过程中杨氏模量分别表示加载与卸载作用过程中的应力-应变曲线斜率,其结果见表 3-11。所测试的 5 个盐岩试样在初期加卸载过程中基本不存在塑性恢复滞后现象。在加卸载过程中,从应力-应变曲线(图 3-16)可以看出,当再次加载应力恢复至卸载应力时,曲线沿着原有的应力-应变轨迹发展,甚至继续表现出弹性变形特征。此处,将应力-应变曲线中的线性段斜率定义为宏观杨氏模量,其计算结果见表 3-11。由于一般岩土工程材料在经历一定的循环载荷作用后,其力学变形特性仍需要从宏观变形角度考虑,因此,这一结果分析也很有意义。从表 3-11 中可以看出,与其他岩石试样相同,由于存在不可恢复的塑性变形,试样加卸载过程中的杨氏模量均远远大于宏观杨氏模量。但对后期加卸载过程中的杨氏模量进行分别计算,发现卸载过程中的杨氏模量略高于加载过程中的杨氏模量。除卸载过程弹性变形恢复滞后外,还有加载过程中耦合有塑性变形的因素。另外,除试样 A 和试样 D 外,本次试验的晶质芒硝与盐岩试样的循环加卸载曲线基本呈线性并重叠,卸载弹性变形恢复滞后表现不明显。这一点不同于其他类型岩石,表明在一定载荷范围内,循环载荷作用下晶质盐岩具有极强的弹性变形能力,反复加卸载过程中,其变形与载荷基本保持一一对应关系。

从岩性上分析,氯化钠盐岩的杨氏模量低于芒硝,表明为相同差应力作用下,氯化钠盐岩的变形能力要强于芒硝。含夹层芒硝的杨氏模量稍高于芒硝,显然是由钙质泥岩夹层的变形能力相对较弱所致。从图 3-16 中还可以看出,氯化钠盐岩试样应力-应变曲线较芒硝试样应力-应变曲线平缓,弹性变形阶段很短,很快进入塑性变形阶段,并经历较长的塑性变形而最终破坏。含钙质泥岩夹层的芒硝试样则基本上一直处于弹性变形,塑性变形阶段很短,卸载后的再次加载可以沿着原来的应力-应变路径进一步强化,直至脆性夹层破裂。另外,与含夹层芒硝试样相比,在反复循环卸载过程中,氯化钠盐岩和芒硝试样变形恢复很小。

另外,试验中所有试样加卸载过程中的杨氏模量基本不随应力水平及加卸载次数的变化而变化,这一点不同于对大理岩的试验结果[35]。同时,即使进入屈服破坏阶段,加卸载平均杨氏模量也并没有随屈服应力的降低而降低。达到最大应力后进行反复加卸载,普通岩土材料常见的加卸载曲线斜率随变形增加而减小的现象[36],在盐岩循环加卸载过程中并没有出现。

在工程实际中,盐岩溶腔作为天然气的存储场所,受运营工况影响,盐岩溶腔更多受到低频内压的作用,并且围岩是处于三向应力状态,因此,许宏发等[37]针对盐岩在三向应力状态下对低频循环载荷的响应做了进一步的试验研究。试验结果发现,与一般岩石不同,盐岩作为典型的软岩,其破坏不再受静态应力-应变全过程曲线控制;提高循环荷载上限应力、降低下限应力,增大应力幅值,降低载荷频率,或者减小围压,均会增大循环滞回环面积,提高盐岩稳态应变速率,从而加速试样的破坏;其中上限应力对循环荷载作用下盐岩变形演化、试样损伤弱化的影响最大。

3.3 盐岩及夹层在特殊条件下的力学特性

3.3.1 损伤盐岩高温再结晶剪切特性[38]

盐岩溶腔除了普遍应用于油气储库,还被公认为核废料地质处置的理想场所。而由于溶腔围岩塑性破坏区的存在,以及地质处置特殊物质——核废料的热辐射特性,溶腔围岩中损伤破裂盐岩必然长期受温度的作用。在地下 1 000 m 深处处置废料的情况下,由于核废料放射所产生的热量,使得核废料处置库周围盐岩的温度可达 165℃左右[39]。而盐岩又是一种典型的蒸发结晶型矿物,在高温和低温条件下均可发生再结晶现象,从而使得盐岩晶体结构发生变化。因此,研究损伤破裂盐岩高温再结晶的力学特性,对处置库内核废料与外界的安全隔离具有重要的意义和价值。

本次研究依然选取了江苏洪泽无水芒硝盐岩,依据岩石力学试验标准在岩石切割机上加工成 50 mm×50 mm×50 mm 的标准试件,并对其进行表面磨光处理。在电热鼓风干燥箱内,将试件加热到初次设定温度 60℃,持续加热 10 h 后,在试验机上进行剪切加载;当载荷达峰值时试件损伤破坏(此时试件并未开裂)之后,立即停止加载,将损伤试件再次放回烘箱内于 120℃下加热,10 h 后再次取出按原剪切角度加载,观察记录试件的变形破坏特征。所有试验,每组试件的个数不少于 3 个,试验结果见表 3-12。

表 3-12　　　　　高温再结晶前后盐岩试件的变角度剪切试验结果

剪切角/(°)	极限载荷/kN		峰值位移/μm		剪切强度/MPa		变形模量/MPa	
	原试件	再结晶	原试件	再结晶	原试件	再结晶	原试件	再结晶
40	59.5	49.4	2 200	1 200	23.6	19.6	536.9	816.7
45	34.0	29.0	2 280	1 260	13.5	11.5	296.1	456.3
50	30.6	23.8	2 410	1 320	12.2	9.5	253.1	360.0

试验结果显示,在经历一次加载变形后,又在 120℃下加热 10 h 的损伤盐岩试件再结晶强度有所恢复,其剪切峰值强度可达原完好试件的 82%左右,相应的变形模量大幅提高,为原试件的 1.5 倍。这说明遭受过破坏的盐岩,在经历高温再结晶之后,仍然有较高的强度,但是在同等载荷作用下的变形却相对降低。

图 3-17、图 3-18 所示为盐岩试件损伤再结晶前后的应力-位移曲线。图 3-17 为完好试件在 60℃下加热 10 h 后的应力-位移曲线。图 3-18 为损伤试件在 120℃下加热 10 h 再结晶后的应力-位移曲线。由图 3-18(a)可见,盐岩试件在达到剪切峰值之前具有很好的线弹性特征,其中 40°角剪切时,还表现出较明显的塑性变形特征,说明盐岩试件在小角度剪切损伤时具有韧性破坏特征,而大角度损伤则呈脆性。图 3-18(b)表明,损伤再结晶盐岩试件仍然具有完整试件的基本变形特征,在达峰值之前,为典型的弹性变形,达到峰值产生破坏之后,强度逐步降低,并呈一定流变特征。同时,可以发现,随剪切角度的增大,试件的峰值强度相应降低。

图 3-19、图 3-20 所示为再结晶前后盐岩试件的剪切强度曲线。由图可见,与完好试件相比,再结晶之后盐岩试件的黏聚力和内摩擦角均有所降低。其中黏聚力降低幅度较大,由原来的 7.1 MPa 降低到 4.8 MPa,折减幅度为 32%;而内摩擦角则降幅较小。说明损伤盐岩在经历了 10 h 的 120℃高温再结晶后,盐岩试件内部晶体颗粒间的摩擦状况得

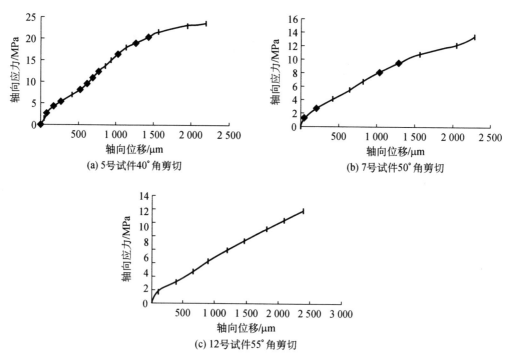

(a) 5号试件40°角剪切

(b) 7号试件50°角剪切

(c) 12号试件55°角剪切

图 3-17　60℃条件下,完整盐岩试件破裂前应力-位移曲线

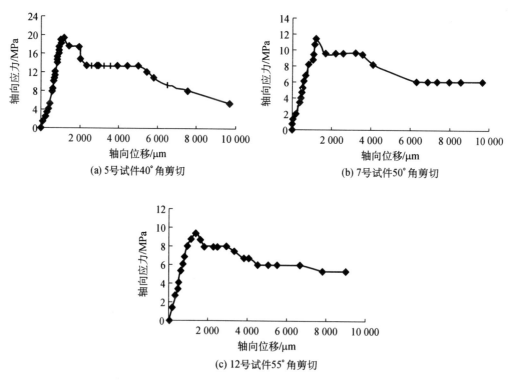

(a) 5号试件40°角剪切

(b) 7号试件50°角剪切

(c) 12号试件55°角剪切

图 3-18　120℃条件下,损伤盐岩试件破裂再结晶后应力-位移曲线

到了恢复,但是晶粒间的黏聚力恢复不明显。

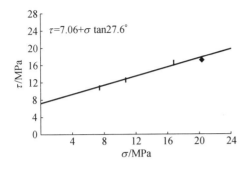
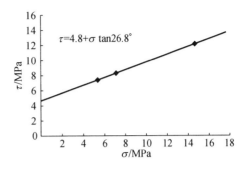

图 3-19　完好试件 60℃下盐岩剪切强度　　图 3-20　损伤试件 120℃下再结晶盐岩剪切强度

图 3-21 为完整盐岩试件在 120℃下加热 10 h 后的剪切强度曲线,与图 3-19 相比可以发现,随着温度的升高,完好盐岩试件的内摩擦角相应增大,由 60℃时的 27.6°,增大为 120℃时的 33.9°。说明随温度的升高,完好盐岩试件抵抗剪切破坏的能力在增强,盐岩的

剪切强度在提高。图 3-20 与图 3-21 相比,可以发现,在相同温度(120℃)作用下,与完好试件相比,遭受过破坏的再结晶盐岩试件的黏聚力和内摩擦角都较低,其中黏聚力和内摩擦角分别为完好试件的 68% 和 79%。这说明,与黏聚力的增强相比,高温加热对盐岩内摩擦角的提高更为明显。高温再结晶可以使得盐岩晶体颗粒间恢复到原有的摩擦系数,但是对晶体颗粒间黏聚力的提高不明显。

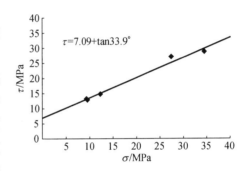

图 3-21　完好试件 120℃下盐岩剪切强度

3.3.2　盐溶液浸泡作用下石膏岩力学特性[40]

岩土体受化学溶液侵蚀作用后,矿物颗粒间连接被削弱,或矿物颗粒晶格被腐蚀,使得岩土体物理力学性质变异。自然界中岩石(体)的破坏,往往是由于环境水腐蚀和机械疲劳两种因素联合作用引起的。水腐蚀或水化学作用对材料腐蚀作用机制包括水解作用、溶解作用、离子交换作用、温度作用、压力的影响;而在载荷作用下,在原有微裂隙或微孔洞存在的基础上,岩石矿物颗粒或晶体边界会有新的微裂纹或空穴形成,称之为微结构损伤,在循环载荷作用下,这些微结构损伤逐步累积,从而使得材料强度弱化。

循环载荷及水溶液化学侵蚀,往往会造成重大工程事故,史上著名的意大利 Vajont 坝肩滑坡与法国 Malpasset 拱坝溃坝事故即典型案例。而自然界中,由于雨水入渗所致的滑坡、崩塌、泥石流等工程地质灾害,更是时有发生。在利用溶解建造技术进行盐岩溶腔油气储库建造过程中,属易溶性质的氯化钠或硫酸钠会根据溶液浓度的高低进行快慢不等的溶解,而难溶性的石膏及钙芒硝夹层则会长期持续地浸泡在盐溶液中,直至一定力学条件下的失稳垮塌。由于很难溶解,这些夹层不仅影响着整个盐岩溶腔的建造进程,而且关系到层状盐岩溶腔运营的安全稳定。因此,非常有必要研究这些夹层在这一特殊条件下的力学特性。

采用控制溶解的方法,在层状盐岩矿床中进行油气储库建造,腔壁岩体长时间浸泡在不断循环的盐溶液中。尽管循环条件下,对流对溶液浓度分布有一定影响,但是由于重力作用,盐溶液在腔体内不同高度仍会存在浓度差异。其中,腔体下部溶液浓度高,腔体上部溶液浓度低。难溶夹层可能会经历各种不同浓度盐溶液的浸泡。为此,在实验室进行了饱和与半饱和两种盐溶液浸泡条件下石膏的单轴压缩力学特性试验。试验石膏试样取自山西西山石膏矿床,该矿床属海相沉积型矿床,位于山西台背斜沁水台凹中。含矿岩系为下奥陶统马家沟组海相沉积碳酸盐岩建造,矿石类型以普通石膏为主,致密块状构造,粒状、片状结构。试验结果见表 3-13。

表 3-13 不同方案下石膏岩单轴压缩试验结果

试件编号	峰值强度/MPa		峰值强度对应应变/×10⁻²		弹性模量/GPa		说明
	数值	平均	数值	平均	数值	平均	
1	8.7		0.25		3.1		在饱和盐溶液中浸泡 20 d,小幅反复加卸载单轴压缩
2	12.3	13.2	0.38	0.33	3.8	4.5	
3	18.6		0.37		6.6		
4	11.3		0.42		3.1		在半饱和盐溶液中浸泡 20 d,小幅反复加卸载单轴压缩
5	11.7	12.2	0.51	0.47	2.6	2.8	
6	13.6		0.49		2.6		
7	9.6		0.24		4.9		干试件,小幅反复加卸载单轴压缩
8	16.7	12.3	0.15	0.19	8.8	6.6	
9	10.6		0.18		6.0		
11	15.6		0.43		5.6		干试件,小幅反复加卸载单轴压缩
12	14.7	14.6	0.50	0.39	6.7	6.8	
13	13.4		0.24		8.1		

单调单轴压缩试验结果比较稳定,强度结果偏差小于 8%;但在干试件反复加卸载及盐溶液浸泡作用下,3 个试件结果偏差较大,接近 35%~40%。一方面表明了循环载荷作用方式及盐溶液浸泡作用对石膏岩力学特性的影响较大,另一方面也反映了试件个体差异在特殊条件下的突出表现。在石膏岩试件中,常含有纯度极高(>95%)的纤维状石膏,其厚度薄(<2 mm),呈一定方位的面状展布,从而构成了强度较低的微结构面,在反复载

荷或盐溶液浸泡作用下,极易错动失稳。这也正是反复加卸载及盐溶液浸泡作用试件结果存在一定离散的原因所在。

在相同的反复加卸载条件下,3 组不同干湿状态试件的强度与变形表现出一定的差异。干试件的平均峰值强度为 12.3 MPa,在饱和与半饱和盐溶液中浸泡之后,强度平均值分别为 13.2 MPa 和 12.2 MPa。从结果上看,在盐溶液浸泡之后,石膏的强度并没有降低,在饱和盐溶液中浸泡之后强度甚至还略有升高。这一结果不同于其他岩石,如砂岩、灰岩等,在水中浸泡之后由于孔裂隙充水,有效应力降低,由于水化学侵蚀,强度下降。这主要由石膏自身的晶体结构所决定。纯度较高的石膏岩结构十分致密,孔裂隙极不发育,加之在水中的溶解度很低(在常温 20℃条件下,CaSO$_4$ · 2H$_2$O 在水中溶解度为 2.05 g/L),在一定浓度的盐溶液中其溶解度更低。致密结构阻隔了盐溶液的浸入,水分子很难进入到石膏晶体间空隙处;加之 CaSO$_4$ · 2H$_2$O 自身的稳定结构,即使有少量溶液浸入试件内部,也不会与 NaCl 盐溶液发生离子交换化学反应。因此,在盐溶液中浸泡之后的石膏强度基本不变。在饱和与半饱和盐溶液中浸泡后会产生不足 10%的强度差异,为个体差异所致,与溶液浓度关系不大。

从峰值应力对应的应变来看,在盐溶液中浸泡之后的石膏试件变形大于干试件。在相同加载方式下,干试件极值强度对应的应变为 0.19%,而在饱和与半饱和盐溶液中浸泡试件的变形高达 0.33%~0.47%,增幅达 73%~147%。同时,在饱和与半饱和盐溶液中浸泡之后,石膏试件在反复加卸载作用下的弹性模量(平均值)相应降低。相同加载方式下,干试件弹性模量为 6.6 GPa,而在饱和与半饱和盐溶液中浸泡之后,其弹性模量分别为 4.5 GPa 和 2.8 GPa,降幅分别达 31.8%和 57.6%。在半饱和盐溶液中浸泡之后的降幅大于在饱和盐溶液中。这表明了溶液浓度对石膏变形特性有一定影响。

3.3.3 高温盐溶液浸泡作用下石膏岩力学特性[41]

3.3.2 节初步揭示了盐溶液对石膏岩力学特性的侵蚀影响。在盐岩储库实际的水溶建造过程中,石膏类夹层除受不同浓度盐溶液浸泡作用外,还受到溶腔内部温度的影响。为了进一步揭示时间及温度对盐溶液中浸泡石膏岩力学特性的影响,在已有工作的基础上,在实验室进一步对同类石膏岩进行了浸泡时间分别为 30 d,60 d,80 d,温度分别为 40℃,70℃的饱和与半饱和盐溶液条件下的力学特性试验。

石膏岩在不同温度与盐溶液条件下浸泡 60 d 后,其单轴抗压试验结果见表 3-14。从总体上看,随溶液温度与浓度的增加,石膏岩强度呈线性降低趋势,尤其在 70℃饱和盐溶液中,强度仅为 1.1~1.8 MPa,相应抗压强度应变也增至 0.43%~1.00%。计算获知,在低温半饱和至高温饱和盐溶液浸泡条件下,石膏岩弹性模量依次为 5.92 GPa,3.71 GPa,2.37 GPa,0.21 GPa,呈线性规律降低,初步凸显氯离子侵蚀作用的效果。在饱和盐溶液中盐离子浓度更高,在高温环境下,其向石膏岩内部扩散运移的能力更强,从而对石膏岩的侵蚀、强度弱化以及促使石膏岩产生变形的能力更加强烈。另外,这一扩散侵蚀过程与时间有极大关系,时间越长,侵蚀程度也越严重。对比 3.3.2 节试验结果可知,浸泡 20 d 后,石膏岩弹性模量由干试件的 6.6 GPa 降至 2.8~4.5 GPa。显然,在 60 d 长时间的浸泡,以及高温促进氯离子渗透侵蚀的双重作用下,石膏岩弹性模量的降幅更大。

表 3-14 石膏岩单轴抗压试验结果

试件编号	试件尺寸/ mm×mm	抗压强度/ MPa	抗压强度 对应应变/%	弹性模量/ GPa	备注
A1	φ49.5×99.7	10.67	—		40℃半饱和盐溶液,反复加卸载
A2	φ49.4×101.5	8.94	0.21	5.92	
A3	φ49.7×97.5	12.18	0.36		
B1	φ49.6×103.4	9.32	0.26		40℃饱和盐溶液,反复加卸载
B2	φ50.0×104.9	7.80	0.43	3.71	
B3	φ47.3×101.2	10.3	0.55		
C1	φ49.9×104.2	3.91	0.53		70℃半饱和盐溶液,反复加卸载
C2	φ49.8×106.2	11.63	0.64	2.37	
C3	φ50.4×104.3	7.10	—		
D1	φ51.9×107.6	1.80	0.49		70℃饱和盐溶液,反复加卸载
D2	φ51.4×111.5	1.47	1.00	0.21	
D3	φ52.3×108.6	1.10	0.43		

浸泡 60 d 后,不同温度、不同溶液浓度条件下,石膏岩力学特性综合分析对比见表 3-15。在温度为 40℃的饱和盐溶液浸泡作用下,石膏岩强度为 9.14 MPa,与半饱和盐溶液中强度 10.6 MPa 相比,降低 13.8%;相应抗压强度对应应变由半饱和盐溶液中的 0.29% 增至饱和盐溶液的 0.43%,增幅 48.3%。当溶液温度升高至 70℃后,石膏岩在饱和盐溶液中浸泡 60 d 后的强度仅为 1.46 MPa,与半饱和盐溶液中 7.1 MPa 相比,降幅高达 79.4%;但相应抗压强度对应应变从半饱和盐溶液中的 0.59% 增至饱和盐溶液中的 0.64%,增幅仅为 8.5%。

将石膏岩在不同条件下的强度与干试件强度相比,得到不同条件下石膏岩强度软化系数(表 3-15)。由上述结果可见,温度与盐溶液浓度对石膏岩强度及变形均会造成影响。在溶液浓度相同条件下,在 20℃(20 d),40℃(60 d),70℃(60 d)条件下,石膏岩在半饱和盐溶液中的抗压强度分别为 12.2 MPa,10.6 MPa,7.1 MPa。与干试件相比,强度软化系数分别为 0.84,0.73,0.48。随温度升高与浸泡时间的延长,强度与软化系数逐渐减小。而在饱和盐溶液中,60 d、70℃浸泡作用下的强度软化系数为 0.10。可见,由于高盐分溶液的侵蚀作用,在相同温度与时间条件下,饱和盐溶液中更多含量的氯离子对矿物岩石的强烈侵蚀,使得其对石膏岩的强度软化更为严重。

表 3-15 不同条件下石膏岩力学特性对比分析

温度/℃	浸泡时间/d	饱和盐溶液			半饱和盐溶液		
		抗压强度/MPa	软化系数	应变/%	抗压强度/MPa	软化系数	应变/%
70	60	1.46	0.10	0.64	7.1	0.48	0.59
40	60	9.14	0.63	0.43	10.6	0.73	0.29
20	20	13.2	0.90	0.33	12.2	0.84	0.47

注:石膏岩干试件抗压强度为 14.6 MPa,对应应变为 0.39%。

表 3-15 中,在常温盐溶液中浸泡 20 d 后,石膏岩试件强度均低于干试件强度。尽管试件在饱和盐溶液中浸泡后的强度(13.2 MPa)略高于半饱和盐溶液中浸泡后的强度(12.2 MPa),但这二者相差较小,不排除为试件之间的个体差异所致。另外,由于溶液温度低、浸泡时间短,尽管饱和与半饱和盐溶液浓度有一定差别,但远高于其常态条件下的侵蚀浓度(0.6~0.9 mg/mL),不足以体现二者之间的差异。再者,在温度、浓度等因素影响不重要的条件下,石膏岩在水溶液中的缓慢溶解可能是其物理力学特性变化的主要影响因素,此时其在较低浓度溶液中的溶解速度大于高浓度溶液,从而改变其物理力学特性,但这一因素也与时间密切相关。因此,研究与时间相关的缓慢渗透侵蚀作用,必须有足够的试验时间或者促进渗透作用的外在条件(如提高温度)。

3.4 盐岩蠕变特性

3.4.1 盐岩蠕变特性概述

盐岩储库设计要求其使用寿命通常都在 20 年左右或者更长,因此盐岩在长时间、高载荷作用下的力学特性也备受关注。大量试验[42-45]表明:与其他岩石类似,盐岩的蠕变也包括初始蠕变、稳态蠕变和加速蠕变三个阶段,如图 3-22 所示。初始蠕变阶段中,其初始

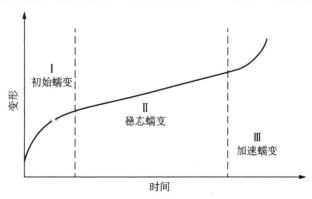

图 3-22 典型盐岩蠕变曲线

蠕变速率较大,但随着时间的增加会逐渐降低,且该阶段时间相对较短;稳态蠕变阶段的蠕变速率相对稳定,可近似为一条直线,且该阶段时间相对较长;进入加速蠕变阶段后,其蠕变速率明显增大直至破坏。由于保持试件不被破坏才有实际的工程价值,因此,现有的大多数研究都集中在初始蠕变和稳态蠕变两个阶段,对加速蠕变阶段的研究很少。

蠕变与应力、温度及时间等众多因素有关,在盐岩蠕变的基本特性的基础上,许多学者针对不同的影响因素,进行了不同条件下盐岩蠕变特性的研究。结果表明,不同温度下,盐岩的蠕变特性不同,在低温下,盐岩仍能产生明显的塑性变形[46],温度的提高则可以大大增加盐岩的变形[47];在相同围压条件下,随偏应力的增大,盐岩的稳态蠕变率会逐步上升;而在相同偏应力条件下,随围压的增加,稳态蠕变率则会逐步降低[48, 49];在循环载荷条件下,第一次载荷循环后盐岩的弹性模量变化不大,而后随着循环次数的增加而明显降低,另外,其黏塑性比静载条件下降低一个数量级[50, 51];再有,盐岩本身NaCl的含量不同造成其溶解度的不同,也会对其蠕变特性产生影响[52];此外,盐岩蠕变速率还受结构层理的影响,蠕变速率在平行于层理方向大于垂直层理方向[53]。

总体来说,盐岩蠕变本构模型的建立方法大致分为三类:第一类模型为经验公式模型,其以试验数据为基础,具有参数少、易确定等优点,在工程中得到广泛的应用,但试验时间往往远小于工程实际的时间,因此不可避免地会出现误差;第二类模型为力学元件模型,由不同的方式(串联、并联、串并联、并串联)将力学元件组合而成,可以结合实际情况很灵活地将力学元件进行组合,对盐岩蠕变描述较为准确,但由于参数众多,工程实际应用较为困难;第三类模型为力学机理模型,其从细观尺度出发,着重分析盐岩受载后晶体内部随时间的位错滑移、攀升等变化,随着损伤力学的发展,随后出现了多种力学机理的盐岩蠕变本构模型。

3.4.2 溶浸-应力耦合作用下钙芒硝盐岩蠕变特性[54]

大多数研究主要是探讨不同加载条件(轴压、围压)下盐岩的蠕变特性,研究对象主要为盐岩或含有夹层的盐岩。但是,对于特殊复盐钙芒硝而言,在长期溶浸开采过程中,水溶液的溶浸作用使得钙芒硝矿体不断溶解、矿体渗透特性不断演化,从而导致钙芒硝矿体由原来的致密岩石逐渐演化为不同孔隙率与不同特性固体骨架组成的多孔介质,不断演化的固体骨架及其中孔隙水压的耦合作用,使得钙芒硝在外载作用下的蠕变特性更为特殊。因此,为探究特殊钙芒硝盐岩在溶浸作用和应力耦合作用下的蠕变变形特征,在实验室内模拟了钙芒硝矿体开采过程中的主要特征,开展了不同渗透压力作用下钙芒硝盐岩溶浸过程中的三轴蠕变特性研究,包括溶浸连通阶段、饱水蠕变阶段、排水蠕变阶段的蠕变特性,最后研究排水状态下轴压增至 20 MPa 阶段的变形特性。

3.4.2.1 试验过程及方法

本试验试样取自四川眉山地区埋深 200 m 的钙芒硝矿体,按照岩石力学试验标准规定,在实验室内加工成 3 个 φ50 mm×100 mm 的标准试件,试验设备采用自制的多功能三轴岩石力学试验机,如图 3-23 所示。

图 3-23　多功能三轴岩石力学试验机

在试验过程中,为模拟钙芒硝矿原位地应力状态,将作用于试件的轴压与围压分别加载至 5 MPa 和 4 MPa,3 个试件的溶浸压力或渗透压力则分别加载至 3 MPa,2 MPa,1 MPa。在试验前期,首先保持轴压、围压和渗透压不变,试件顶部渗流出水口为打开状态,直到试件被溶蚀连通并有溶液渗出,此阶段为溶浸连通阶段。在此阶段,与 1 号、2 号试件不同的是,3 号试件由于渗透压较小(1 MPa),因此在 800 h 作用下仍没有溶通。1 号、2 号试件在溶浸作用下连通之后,关闭试件顶部的渗流出水口,并保持原有渗透压不变,进行饱水蠕变阶段测试。饱水蠕变试验之后,打开试件底部渗流注水口,卸载渗透压,使溶浸连通并经历长期孔隙压恒载的试件,进行无孔隙压蠕变试验,此阶段为排水蠕变。最后,分别对 1 号和 3 号两个不同溶浸渗透作用后的试件保持围压不变,轴压增至 20 MPa,来探究溶浸-应力耦合作用后钙芒硝盐岩的蠕变破坏特征,进一步说明溶浸作用对钙芒硝蠕变特性的重要影响。

3.4.2.2　蠕变结果分析

1. 加载过程中的蠕变

图 3-24 分别为 1 号、2 号和 3 号试件在加载过程中的蠕变曲线,图中,a 为溶浸连通蠕变阶段,b 为饱水蠕变阶段,c 为排水蠕变阶段,d 为轴压增至 20 MPa 的蠕变阶段。

与 1 号和 2 号试件蠕变过程不同,3 号试件由于前期没有溶蚀连通,不存在饱水蠕变阶段和排水蠕变阶段。由图 3-24 可知,1 号、2 号、3 号试件在不同的蠕变阶段,其应变整体上呈现典型蠕变特征。由于渗透压大小差异,固体骨架所受的有效应力以及溶浸侵蚀作用对钙芒硝岩固体骨架的弱化程度有较大不同,导致不同试件在相同蠕变阶段的变形机制及特征有明显区别。在溶浸连通阶段和饱水蠕变阶段,试件的有效应力大小与固体骨架受溶浸作用的弱化程度决定了试件的蠕变变形量,因此,1号试件(渗透压力3 MPa)在这两个阶段的变形与2号试件(渗透压力2 MPa)在对应阶段的变形相比,具有一定差异。而在排水蠕变阶段,由于溶浸作用造成的试件整体力学性能的弱化以及作用在固体骨架上有效应力的增大,在相同的时间内,1号和2号试件在该阶段的蠕变变形量比前两个阶段明显增大。而在轴压增至20 MPa作用的过程中,1号试件的变形要明显大于3号试件,这显然是由前期溶浸渗透作用所致。

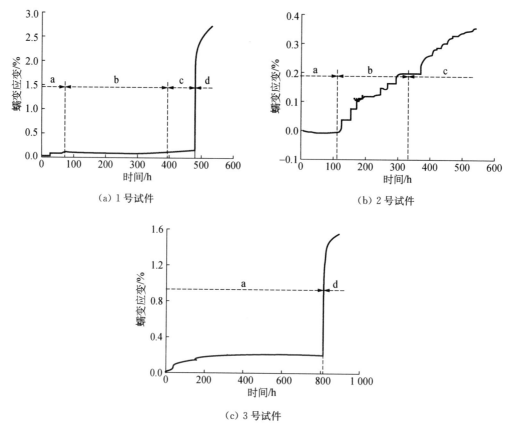

图3-24 1号、2号和3号试件加载过程中的蠕变曲线

2. 溶浸连通阶段的蠕变

如图3-25(a)所示,1号试件在3 MPa溶浸渗透压力作用下,在溶浸连通过程中,溶浸连通时间短且应变量很小,且存在明显应变突变现象。在溶浸作用30 h后,应变从0突增至0.05%,67 h后整个试件被溶浸连通,之后应变保持0.05%不变。这一结果反映了在压力溶浸作用下,钙芒硝矿体连通不仅需要一定的时间,而且在溶浸连通过程中,矿体内部结构是逐步演化的,随时间增长与溶浸作用的深入,从底部到顶部逐渐溶蚀连通,孔隙率逐渐增大,力学特性也逐渐弱化。在水溶液溶浸渗透的过程中,在3 MPa溶浸压力作用下,溶液由试件底部逐渐向顶部渗透扩散,试件底部受水溶液溶浸作用时间最长,结构软化与破坏程度也最为严重,在恒定载荷作用下发生的0.05%的应变也主要在该部分。因

此,不同于干燥试件在恒定载荷作用下应变的相对均匀性特征,在溶浸渗透作用过程中,由溶浸液作用时间差异所致轴向变形的不同,导致试件全长应变存在不均匀性。在矿体中溶浸软化作用时间越长的部位,在相同载荷作用下产生的应变也越大。

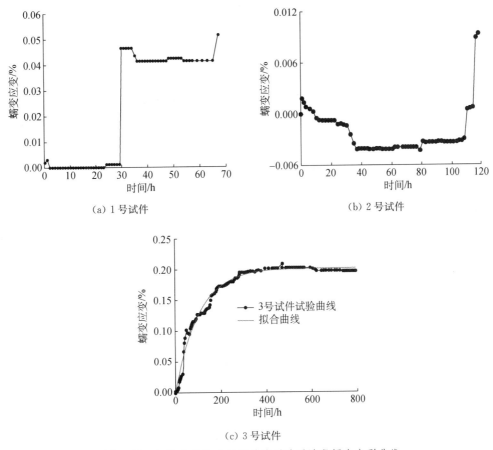

（a）1 号试件   （b）2 号试件

（c）3 号试件

图 3-25　1 号、2 号和 3 号试件溶浸连通阶段蠕变变形曲线

2 号试件作用的渗透压力比 1 号试件低 1 MPa,试验开始阶段,存在一定微小波动,这可能是由于试样端面溶解程度的不均匀,造成轴向变形的不协调,从而导致变形会出现略微的下降。但在 37～109 h 过程中,应变量始终保持不变,溶浸作用缓慢进行。而在加载 109 h 后,应变开始变化,到 120 h 增大到 0.01%,如图 3-25(b)所示。在此突变过程中,2 号试件总的应变增量为 0.014%,仅为 1 号试件应变量的 28.00%。这一结果不仅反映了渗透压力对溶浸连通作用的影响,即渗透压力小,相同长度试件顶底溶浸连通耗费时间长;同时,也反映了钙芒硝矿溶浸连通过程中,由于受到矿体溶蚀软化渐变过程的影响,一定阶段的矿体变形具有突然性。这一结果与工程中常见的由于长期浸润作用而导致的坡体突然崩塌滑移现象类似。

3 号试件由于渗透压力仅为 1 MPa,与 1 号、2 号试件相比较小。在轴压、围压保持不变,1 MPa 渗透压作用下,经过 800 h 的作用,试件并没有被溶蚀连通,反映了溶浸压力对试件溶浸连通作用效果的影响。在长达 800 h 的溶浸作用过程中,由于溶浸压力相对较低,钙芒硝试件顶底始终未溶浸连通。但是,应变量则从初始的 0%,逐渐升高到 400 h 的 0.2%,然后在 400~800 h 过程中,变形基本趋于稳定,如图 3-25(c)所示。2 号试件的溶通时间为 120 h,比 1 号试件长 53 h,而 3 号试件由于溶浸压力小,历时 800 h 始终没有溶通。随着溶浸渗透压力的增大,矿体溶蚀连通时间相应减小。由于 3 号试件溶浸作用时间较长,因此其变形比 1 号和 2 号试件的变形大。

3. 饱水蠕变

在溶浸连通之后,1 号试件内部受 3 MPa 孔隙压作用,轴压与围压分别保持 5 MPa 和 4 MPa 不变。在这种三维加孔隙压应力作用下,作用在钙芒硝骨架上的有效应力很小。在孔隙均匀分布的情况下,试件内部全长均受 3 MPa 的孔隙压作用,作用在固体骨架上的有效应力仅为 1~2 MPa,且为三轴应力作用状态,试件几乎不发生变形或破坏,因此,如图 3-26(a)所示,应变基本保持初始的 0.05% 不变。但如前述分析,由于试件内部溶浸作用时间的不同,试件整体软化变形程度存在显著差异,在试件底端部位由于溶浸作用时间长,孔隙发育且溶蚀软化严重;相反,试件顶端部分溶浸作用时间短而孔隙不发育,溶蚀软化相对较轻。溶浸所致孔隙发育差异,直接导致固体骨架上的有效应力差异。在试件上半部分,由于孔隙不发育,孔隙压力较小或不存在,作用在该处固体骨架上的有效应力较大,在有效应力与固体骨架特性的综合作用下,可能更易产生变形或剪切破坏。

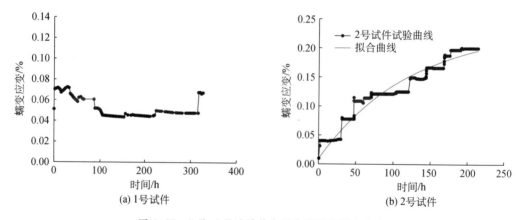

图 3-26   1 号、2 号试件饱水蠕变阶段的蠕变曲线

2 号试件在轴压、围压不变,2 MPa 渗透压作用下,在饱水蠕变阶段,应变随时间的增加不断增大,在 214 h 内应变从 0.01% 增加到 0.2%,表现出一定的蠕变变形特征,如图 3-26(b)所示。2 号试件所受到的渗透压比 1 号试件所受的渗透压(3 MPa)要低 1 MPa,由于溶蚀所致试件内孔隙或者裂隙要少,且底部溶蚀较轻,内部劣化程度也相对较低。但是,作用在 2 号试件内部固体骨架上的有效应力比 1 号试件大。因此,在孔隙饱水状态下,固体骨架的溶蚀弱化与有效应力对试件变形起综合影响与作用。

4. 排水蠕变应变曲线

由图 3-27 可知,保持 1 号、2 号试件原有的外部载荷不变,卸载渗透孔隙压,1 号试件在 85 h 作用时间内,应变从 0.07% 增至 0.12%,增幅 0.05%;而 2 号试件在 201 h 作用时间内,应变从 0.20% 增至 0.36%,增幅 0.16%。两个试件的变形整体上都表现为蠕变特征,在孔隙渗透压卸载后,1 号、2 号试件内部孔隙水压力急剧减小至零,轴向有效应力增大至 5 MPa,试件受到的孔隙水压与溶浸作用消失,由原来的三维应力和溶浸共同作用状态转化为单纯的三维应力状态。但是,矿体变形与其固体骨架溶蚀弱化程度密切相关,前期溶蚀弱化对后期变形影响巨大。

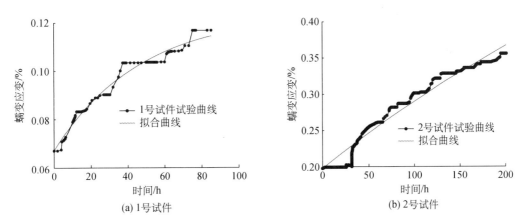

(a) 1号试件 (b) 2号试件

图 3-27 1 号、2 号试件排水蠕变阶段的蠕变曲线

与含孔隙水条件下的蠕变量相比,在排水条件下,相同时间(200 h)内,2 号试件变形幅度仅比 1 号试件低 0.03%,虽然二者差距很小,但是从蠕变曲线的增加趋势上看,排水阶段的变形速率要高于饱水阶段。另外,对 1 号试件来说,排水阶段的轴向变形与饱水蠕变阶段的变形特征明显不同。在饱水蠕变阶段,轴向变形保持在 0.05%,基本不变;而在排水阶段,由于孔隙压力降为零,有效应力增高,试件的轴向变形表现出明显的蠕变特征。

在排水蠕变阶段,相同的应力状态下,1 号、2 号试件在 85 h 内的应变量分别为 0.05% 和 0.09%,2 号试件应变略高于 1 号试件。这是前期饱水蠕变作用对两个试件内部结构影响的结果。1 号试件饱水蠕变作用时间长,但有效应力低,且主要对试件底部溶蚀影响严重,试件变形主要在饱水阶段完成;而 2 号试件并未出现底部严重溶蚀现象,从而导致试件全长基本均匀变形,应变量相对于 1 号试件略显增大。

5. 增压至 20 MPa 过程变形曲线

图 3-28 为 1 号、3 号试件围压保持 4 MPa 不变,轴压从 5 MPa 增加至 20 MPa 后恒定不变,试件轴向应变随时间的变化曲线。由图可知,不同的渗透压加载历史下的钙芒硝试样都表现出明显的减速蠕变和等速蠕变阶段。两个试件经历了约 10 h 的减速蠕变后,即进入了等速蠕变阶段。在 20 MPa 加载前后,1 号试件应变从 0.12% 增至 1.83%,瞬时蠕

变量为 1.71%;3 号试件应变的变化为从 0.36% 增至 1.12%,瞬时蠕变量为 0.76%,为 1 号试件瞬时蠕变量的 44.44%。稳定蠕变 50 h 内,1 号试件应变变化为从 1.83% 增至 2.73%,增幅 0.90%;3 号试件应变从 1.12% 增至 1.53%,增加 0.41%,该应变增量为前者的 45.56%,体现了两个试件历史加载条件的差异性。1 号试件曾经历 3 MPa 孔隙渗透压作用下的饱水与排水蠕变,试件固体骨架受溶蚀作用严重弱化,在高应力作用下,变形明显要大于 3 号试件。

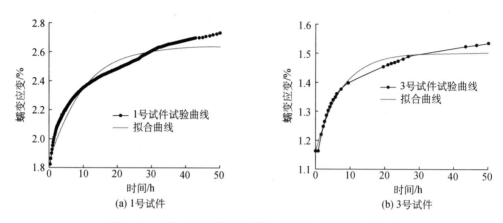

图 3-28　1 号、3 号试件轴压增至 20 MPa 的蠕变应变曲线

图 3-29 为轴压增至 20 MPa 后,1 号、3 号试件历时 50 h 左右的平均蠕变速率曲线。1 号试件的平均蠕变速率为 $2.5 \times 10^{-4} h^{-1}$,3 号试件的平均蠕变速率为 $1.78 \times 10^{-4} h^{-1}$,后者为前者的 71.20%。蠕变速率的大小真实反映了两个试件固体骨架力学特征的差异性。

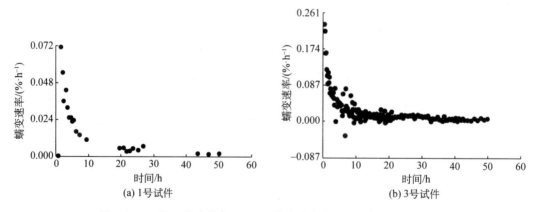

图 3-29　1 号、3 号试件在 20 MPa 轴向应力作用下的蠕变速率曲线

3.4.2.3　蠕变破坏机制

图 3-30 为不同渗透压溶浸作用后钙芒硝试件的最终状态。可以看出,在应力和溶浸耦合作用下,钙芒硝的破坏形式与一般岩石三轴压缩破坏形式有所不同。一般情况下,岩

石三轴压缩状态的主要破坏形式为剪切破坏，破坏面基本为与轴线方向成一定夹角的剪切面。而1号、2号试件的主要裂隙沿着轴线方向，且试件表面凹凸不平，可以看到很明显的缺陷。这一结果主要是由于该试验中水溶液是从试件底部向顶端部渗透，主要的渗透通道沿着圆柱形试件轴向方向，从而造成在轴向方向上形成较大的溶浸裂隙面。该图还反映出渗透压越大，钙芒硝端部破坏特征越明显。3 MPa渗透压作用下，钙芒硝(1号试件)的破坏裂缝长度和开度比2 MPa的裂缝长度和开度大，1 MPa渗透压作用时钙芒硝(3号试件)几乎没有可见裂缝。这进一步反映了不同渗透压的溶浸作用对钙芒硝内部结构变化的影响强弱不相同，从而造成钙芒硝试件具有不同的蠕变特征。

(a) 1号试件　　　　(b) 2号试件　　　　(c) 3号试件

图3-30　不同渗透压溶浸作用后的1号、2号、3号试件状态

3.4.2.4　溶浸渗透作用下钙芒硝三轴蠕变变形机制

对于可溶岩钙芒硝盐岩来说，水对岩石的作用主要应该考虑水对钙芒硝的溶浸侵蚀作用，而不能仅仅从有效应力原理角度来考虑。水对钙芒硝的溶浸侵蚀作用主要包括硫酸钠的溶解以及渗透作用。在渗透压的长期作用下，由于渗透和溶解的相互促进作用，其内部的硫酸钠溶解，剩下以硫酸钙为主要成分的固体骨架。这样，钙芒硝盐岩由一种低渗透性、孔裂隙不发育的岩石，开始逐步演化为孔裂隙较发育、可渗透的多孔介质，导致钙芒硝内部的组分以及结构发生改变，从而导致其宏观力学特性的改变。与此同时，在三轴压力作用下，固体骨架的压缩又会造成部分孔裂隙闭合，反过来影响矿体受溶浸液的溶解-渗透作用。因此，在渗透压作用下，钙芒硝岩蠕变变形是溶浸与应力耦合作用的结果。

渗透压的存在对钙芒硝的蠕变力学特性的影响主要体现在两个方面。一方面，渗透压的存在加快钙芒硝岩溶解渗透速度，增大硫酸钠溶解量，导致试件内部的孔裂隙更加发育，固体骨架弹性模量以及力学特性劣化，进而使钙芒硝的变形增大；另一方面，渗透孔隙压的存在使钙芒硝盐岩所受到的有效应力减小，从而减缓了钙芒硝岩的变形速度。因此，渗透孔隙压的存在与钙芒硝矿体的变形，是一个相互影响、相互促进、相互抑制的过程，此为溶浸渗透作用下钙芒硝三轴压缩变形不同于普通岩石的独特之处。

有效应力的大小对钙芒硝的蠕变变形起着决定作用。渗透压的不同，不仅会导致钙芒硝岩固体骨架所受的有效应力不一样,还会造成内部组分和微观孔裂隙演化规律有所区别,而这种差异又会影响钙芒硝盐岩的蠕变力学行为。具体表现在如下两个方面:其一,对同一个试件来说,在饱水和排水状态下,由于孔隙压大小不同,导致有效应力不同,从而造成钙芒硝的蠕变变形有所差异,即有效应力越大,试件的蠕变变形性质越显著;其二,对不同渗透压作用下的钙芒硝岩来说,在饱水状态下,有效应力越大,其三轴蠕变变形特征越明显,相反,则有可能变形量较小或者几乎没有。以上两点均可从 1 号、2 号试件的试验结果中反映出来。在水溶开采钙芒硝过程中,渗透压的存在使得矿体所承受的有效应力较小,因此该阶段矿体的变形以及地表下沉量较小。而在开采结束后,渗透压为零,导致有效应力急剧升高,矿体的变形大幅度增加,从而带动地表下沉量增大,随着时间的增长,埋深浅的矿体会逐渐演变成地表沉陷及破坏现象。

渗透压加载时间的长短对钙芒硝的蠕变力学特性具有重要影响。由于水对岩石的力学效应具有时间依赖性,钙芒硝在水溶液溶浸作用下,内部成分以及微观结构演化也与作用时间密切相关,溶浸作用时间越长,黏聚力越低,孔裂隙率也越大,强度也越低。试件底部由于和水溶液作用时间较长,溶蚀现象较上半部分严重。渗透压会增强这种差异性,当底部溶蚀严重时,在相同应力作用下,试件的变形主要发生在该部分。在溶浸采矿工程中,矿体与溶浸液接触时间越长,软化越严重,产生的变形量也越大;该固体骨架软化变形与孔隙水压耦合作用,改变矿体孔隙率的同时,也改变矿体的渗透性特征,从而影响深部矿体的溶浸产出效率。另外,前阶段的渗透压加载历史对下阶段钙芒硝的蠕变力学特性具有重要作用。在前阶段,渗透压作用时间、大小以及溶浸造成的试件内部结构差异性,都会对下一个阶段试件的蠕变特性产生重要影响。在排水蠕变阶段和轴压 20 MPa 蠕变阶段,对钙芒硝变形起主导作用的是前阶段渗透压加载历史造成的钙芒硝固体骨架的弱化程度。总体而言,溶浸渗透压力越大,钙芒硝固体骨架的弱化程度越严重,从而导致在相同应力条件下,矿体的蠕变量和平均蠕变速率相对较大。而对同一个试件(1 号试件)来说,在围压不变的情况下,轴压越大,钙芒硝的蠕变特征越明显。需要说明的是,排水蠕变阶段还会受到饱水蠕变阶段的影响,导致在排水蠕变阶段,不同渗透压作用后的钙芒硝试件的蠕变特性具有一定的差异性。

需要指出的是,在此试验中,由于定期更换加载渗透压的水溶液,以保证硫酸钠溶液的浓度未达到饱和状态,因此,并没有考虑溶液浓度对试验结果的影响。

3.4.2.5 本构模型的建立

通过分析各个阶段钙芒硝试件的蠕变曲线,可以得出:①钙芒硝在加载瞬间有瞬时弹性变形,因此该模型中应包含弹性元件;②应变随着时间的增加而不断增大,说明模型中应含有黏性元件。因此,在渗透压作用下,三轴压缩蠕变状态下的钙芒硝岩呈现出很明显的黏弹性特征。广义开尔文(Kelvin)模型可以很好地描述岩石的黏弹性特征,且元件少,易于识别,因此本文选择三元件广义 Kelvin 模型对钙芒硝的蠕变变形曲线进行拟合,并进行参数的识别。一维条件下,广义 Kelvin 模型由一个弹性元件和 Kelvin 模型串联而成,如图 3-31 所示,该条件下的蠕变模型公式为

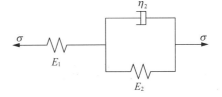

图 3-31　广义 Kelvin 模型

$$\varepsilon(t) = \frac{\sigma}{E_1} + \frac{\sigma}{E_2}\left[1 - \exp\left(-\frac{E_2}{\eta_2}t\right)\right] \quad (3\text{-}1)$$

式中　E_1——弹性体的弹性模量;

　　　E_2,η_2——Kelvin 体的弹性模量和黏弹性系数。

根据王芝银[55]和袁鸿鹄等[56]的研究可以得到等围压三轴压缩时在恒定应力作用下的轴向蠕变变形方程为

$$\varepsilon(t) = \frac{1}{9K}(\sigma_1 + 2\sigma_3) + \frac{\sigma_1 - \sigma_3}{3G_1} + \frac{\sigma_1 - \sigma_3}{3G_2}\left[1 - \exp\left(-\frac{G_2}{\eta_2}t\right)\right] \quad (3\text{-}2)$$

式中　K,G_1,G_2,η_2——体积模量、剪切弹性模量、剪切黏弹性模量、剪切黏弹性系数;

　　　σ_1,σ_3——轴压和围压,前两项的和为瞬时应变值,可参照王芝银和李云鹏的方法进行求解。

本试验中,试件达到给定的地应力条件时,记为应变零点,并无瞬时应变。因此,式(3-2)中的前两项将不存在,可简化为

$$\varepsilon_1(t) = \frac{\sigma_1 - \sigma_3}{3G_2}\left[1 - \exp\left(-\frac{G_2}{\eta_2}t\right)\right] \quad (3\text{-}3)$$

借助 Origin 软件,采用最小二乘法,运用广义 Kelvin 模型对本试验中不同阶段的蠕变曲线进行数据拟合。拟合得到的参数结果见表 3-16,对应的拟合曲线见图 3-25—图 3-28。从表 3-16 中可以看出,当数据拟合的相关系数在 0.94 以上时,拟合效果比较好,说明该模型和试验曲线能较好地吻合。因此,广义 Kelvin 模型可以很好地描述钙芒硝盐岩在渗透压作用下的三轴压缩蠕变特征。

表 3-16　　　　　　　　　　广义 Kelvin 模型参数

蠕变阶段	试件编号	G_2/MPa	η_2/(MPa·h^{-1})	相关系数 R^2
a	3	1.64	170.54	0.98
b	2	1.48	178.53	0.94
c	1	5.89	275.47	0.97
	2	0.65	326.60	0.95
d	1	6.54	63.78	0.94
	3	15.71	115.92	0.98

3.5 本章小结

本章通过物理试验方法，首先阐述了层状盐岩在常规压缩条件下的力学特性，结果表明夹层的数量、厚度、方位对层状盐岩的破坏有着重要的影响；其次，针对盐岩在储气库运营过程中所处的特殊环境，进一步研究了石膏夹层在高温、溶浸条件下的力学特性，研究发现高温和溶浸均可造成盐岩及其夹层损伤，显著降低其抗压强度；最后给出了钙芒硝作为常见夹层之一，在溶浸和应力耦合条件下的蠕变特性，矿体与溶浸液接触时间越长，软化越严重，产生的变形量也越大，渗透压力越大，钙芒硝固体骨架的弱化程度越严重，从而导致在相同应力条件下，矿体的蠕变量和平均蠕变速率相对较大。

第 4 章　溶浸作用下层状盐岩细观结构演化

4.1　引言

THMC 多场耦合对矿物岩石内部结构影响的研究是国际岩石工程研究领域最前沿的课题之一,也是研究核废料及生活垃圾地下处置、地下可再利用能源储存、地热等能源开采、边坡灾害等众多岩土工程的基础性课题之一[54,57-63]。研究表明,一般情况下,化学溶液对岩体的腐蚀作用是从初始结构面开始的。大多数地下岩体会受到温度、水流、应力及化学的多场耦合作用。因此,研究 THMC 多场耦合作用过程中岩石裂纹的萌生、扩展、贯通的演化规律具有重要的科学意义。

国内外已有学者对盐岩不溶夹层进行了一些相关研究。如 E. M. Dowson[64] 从层状盐岩自生的内在节理和裂隙方面对层状盐岩进行了分析;S. Forest[65] 对盐岩矿床及不溶夹层的层状结构方面进行了一定分析;I. A. Guz[66] 对经受有限变形的层状盐岩岩体进行了分析。但上述分析的不足之处是在分析盐岩与不溶夹层互层时首先假定各层的物理力学特性完全相同。国内,杨春和[67]考虑了具有不同物理力学特性的相邻盐岩层之间的细观位移协调性,在此基础上建立了在宏观平均意义下考虑细观弯曲效应的介质扩展本构模型;张顶立[68]、刘卡丁等[69]对层状岩体的剪切破坏机理等进行了研究并对层状盐岩体的稳定性进行了分析;李银平等[70, 71]对含有泥岩夹层的盐岩进行了试验研究,主要针对盐岩变形和破损特性进行了相关分析,并且将层状盐岩体的介质扩展模型进一步推广,应用到了三维。以上所有的研究工作对含夹层层状盐岩体的稳定性研究均具有十分重要的意义。

上述研究均是根据工程实际,围绕水岩相互作用机理及其效应做的研究工作。通过一系列的研究,发现水对岩石强度的弱化具有普遍性,而且水对常见岩石弱化的物理化学机理也基本明确。但对于石膏等自身含有晶间结合水的一类矿物岩石,目前的研究很少涉及其在化学溶液作用下的物理力学特性。而不溶于水的石膏岩及难溶的钙芒硝等夹层则会长期浸泡在用于建腔的盐溶液中,直至达到一定力学条件而失稳垮塌。这些夹层由于不溶或很难溶解于水,不仅影响着地下盐岩油气储库的溶腔建造工艺的选择和过程控制,而且关系到腔体建成后运行的安全稳定性。而岩石的内部结构直接影响其力学特性,因此,研究不溶或难溶夹层在特殊条件下的内部结构不仅是有必要的,而且其意义十分重大。

盐岩是一种天然的多孔介质岩石,内部存在大量胶结物、微孔裂纹、颗粒间空隙以及晶格缺陷等。在多场耦合作用下,将引起矿物成分的改变和内部孔裂隙的扩展,从而导致内部结构不断演化,引起盐岩物理力学性质的改变。本章利用 CT 技术直接观测不同浓度盐溶液中盐岩夹层石膏内部裂纹萌生、扩展及贯通的过程,并统计了 THMC 多场耦合作用下钙芒硝内部孔裂隙的发展演化规律。对石膏与钙芒硝夹层在不同溶浸条件下内部孔裂隙结构演化特征的分析,为盐岩储库在溶解建造中的损伤与弱化失稳提供了理论依据。

4.2 细观结构演化影响因素

1. 矿物成分

多样性的矿物其热膨胀系数是不同的,并且具有热膨胀各向异性特征。而组成矿物的不同晶体颗粒因其结构不同所产生的晶格能也有所差异。不同性质的矿物在温度及溶液作用下其物理、化学变化的差异性导致矿物成分及结构的改变。矿物颗粒的接触状况对裂纹演化起着重要作用,在不同矿物颗粒之间热应力及溶浸程度不同,导致裂纹扩展需要的能量不同,从而在矿物骨架内部产生了不同尺度和规模的裂纹。由此可以看出,矿物成分在很大程度上影响着岩石内部裂纹的产生及扩展。

2. 胶结情况

在成岩期间,岩石矿物颗粒之间起黏结作用的化学沉淀物质称为岩石胶结物。主要胶结物为硅质(石英等)、碳酸盐矿物(方解石、白云石等),其次是铁质(赤铁矿、褐铁矿等),有时可见硫酸盐矿物(石膏、硬石膏等)、沸石类矿物(方沸石、浊沸石等)、黏土矿物(高岭石、水云母、绿泥石等)。胶结物通常附着于原生层理面或岩石内部孔裂纹之中。胶结物的组成成分及胶结程度决定了胶结物的强度。而岩石的强度很大程度上取决于胶结物所占的比例及其矿物成分。胶结物所占的比例越大,则胶结物强度对岩石强度的影响越大。

3. 矿物颗粒尺度及形状

岩石强度很大程度上取决于矿物颗粒的尺度。当颗粒尺度较小时,颗粒间接触的表面积大,岩石的强度也大,反之亦然。所以结构致密、内部少胶结物的钙芒硝试件不易破裂。此外,矿物颗粒的外部几何形状对裂纹的产生与扩展也有一定的影响。在矿物颗粒特殊的几何形状点,如接触点、尖角等处易引起应力集中,从而使得裂纹产生与扩展。很多裂纹起裂位置便是矿物颗粒的尖角。

4. 岩石的孔裂纹结构

矿物岩石内存在很多连通、封闭的孔裂纹,岩石内部的孔裂纹结构在很大程度上制约了其强度及内部裂纹扩展的趋势。较大孔裂隙结构可以容纳固体的变形,从而抑制裂纹的产生与扩展。

5. 溶液温度与浓度

岩样的尺寸是不变的,由于热传导作用,试样由表及里的温度分布具有一定的差异性,这必将引起岩石应力集中及分布的不同,进而影响岩石裂纹的产生与扩展。此外,溶液浓度在很大程度上影响可溶矿物的溶解,从而影响了溶解裂纹通道的产生,即影响岩石裂纹的产生与扩展。

6. 物理、化学反应

在盐溶液中,钙芒硝及石膏内部发生复杂的物理、化学变化。钙芒硝内部的蒙脱石、伊利石遇水膨胀,$CaSO_4$ 遇水形成石膏,体积增大 30%,Na_2SO_4 为可溶矿物,当溶液浓度较低时极易溶解。因此,钙芒硝内部矿物的成分及结构发生较明显变化,从而影响岩石内部裂纹的产生与扩展。

4.3　盐溶液作用下石膏岩的细观结构

石膏岩是地下盐岩储气库建造和水溶开采盐矿时极为常见的一种矿物。石膏岩在盐溶液侵蚀下,膨胀开裂、表面破损剥落,性能降低,这将会对实际工程造成极大的危害。因此,对石膏岩在盐溶液条件下的溶蚀破坏行为进行研究具有重要的实际意义。本节对石膏岩在盐溶液浓度作用下的结构演化及其溶蚀特性进行了研究,获得石膏在盐溶液中溶蚀的基本过程及其随盐溶液浓度变化的特性,对盐类矿床溶浸开采和盐岩溶腔储库溶解建造及相应稳定性分析有一定的指导价值。

4.3.1　试验设备

本次试验主要采用太原理工大学和中国工程物理研究院应用电子学研究所共同研制的 μCT225 kVFCB 型高精度(μm 级)显微 CT 试验分析系统。CT 试验分析系统主要由数字平板探测器、微焦点 X 线机、高精度的工作转台及夹具、采集分析系统等结构部分组成,如图 4-1 所示。CT 扫描系统的数字平板探测器的大小为 500 mm×367 mm×47 mm,该系统的扫描成像窗口为 406 mm×293 mm(3 200×2 304 个探元),其有效窗口为 406 mm×282 mm(3 200×2 232 个探元),探元尺寸为 0.127 mm。

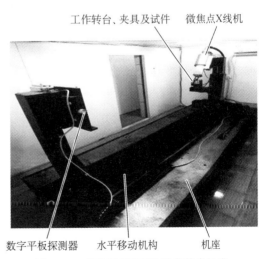

工作转台、夹具及试件　微焦点 X 线机

数字平板探测器　水平移动机构　机座

图 4-1　μCT225 kVFCB 型高精度显微
CT 试验分析系统

CT 技术是通过计算机图像重建,使指定层面上不同密度的材料信息以高分辨率的数字图像显示出来。在 X 线穿透物质的过程中,其强度呈指数关系衰减,物质的密度是由物质对 X 线的衰减系数来体现的,不同物质对 X 线的吸收系数不同,在 X 线穿透被检测物体时,它的光强遵循下述方程:

$$I = I_0 \exp(-\mu_\mathrm{m} \rho \chi) \tag{4-1}$$

式中　I——X 线穿透物体前的光强;

　　　I_0——X 线穿透物体后的光强;

　　　μ_m——被检测物体单位质量的吸收系数,在一般情况下 μ_m 只与入射 X 线的波长有关;

　　　ρ——物质密度;

　　　χ——入射 X 线的穿透长度,在 CT 重建图片上,物质密度越大,图像上的亮度就越高,表现为白色;而孔隙和裂隙的密度最小,表现为黑色。

4.3.2　天然状态下石膏岩细观结构

自然状态下的石膏原样结构致密,肉眼观察无任何裂隙裂纹,表面光滑密实,呈灰白色。如图 4-2 所示为干燥试件原样在 SEM 下放大 1 000 倍的细观结构,可以发现在石膏原样细小晶体间存在孔隙结构。这些孔隙结构属于石膏矿晶体间的原生孔隙,其数量多少及尺度大小与成矿地质作用有关。

从图 4-2 中可见,石膏矿原生微孔结构发育,石膏晶体在平面内均匀分布,晶体尺寸在数微米至数十微米之间,局部晶体成片状联结。

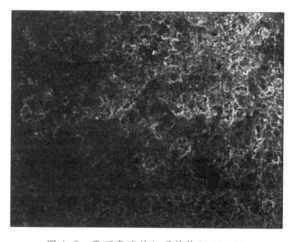

图 4-2　干石膏试件细观结构(1 000×)

4.3.3　盐溶液作用下石膏岩细观结构

在去离子水溶浸作用下,由于水分子对石膏的浸润水化作用,晶体间原生孔裂隙被新生水合物晶体充填。孔隙发育程度降低。原细小石膏晶体联结在一起形成新的较大尺度晶体,晶体尺寸明显增大,达到数十微米,如图 4-3 所示。晶体间的孔隙数量明显减少,但晶体间交界面处的大尺度裂隙十分明显。

在水溶液的溶浸作用下,表面细小的晶体颗粒或剥落,或溶解,或结晶形成较大尺寸晶体。晶体呈不规则排列,晶体间结构面特征非常明显。

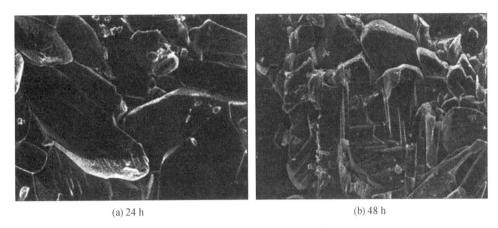

(a) 24 h   (b) 48 h

图 4-3　去离子水中浸泡后石膏细观结构(1 000×)

在半饱和盐溶液中,如图 4-4 所示,石膏细观结构变化与其在去离子水中的变化相似,晶体尺寸进一步增大。在去离子水中存在的裂隙,由于硫酸钙水化体积膨胀及其与盐溶液中氯化钠的化学反应作用,在半饱和盐溶液中晶体间裂隙宽度变得更小,晶体间联结更为紧密,结构十分致密。

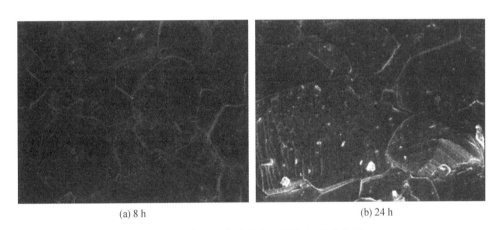

(a) 8 h   (b) 24 h

图 4-4　半饱和盐溶液中石膏的细观结构图

与在去离子水与半饱和盐溶液中浸泡的石膏晶体变化不同,在饱和盐溶液中晶体尺寸变化并不十分明显,与原试件尺寸相当,如图 4-5 所示。但由于受潜在饱和盐溶液晶析作用影响,晶体表面有明显的析晶包裹现象。由于晶体间微孔受到一定程度的晶析充填,孔裂隙也不像原试件那样特别发育。

4.3.4　不同浓度盐溶液中石膏晶体几何特征分析

为了更准确地表征盐溶液浓度对石膏溶蚀的影响,我们对不同浓度盐溶液溶浸作用下石膏表层晶体几何特征参数进行了统计,结果如表 4-1 所示。由表 4-1 可知,常温下,

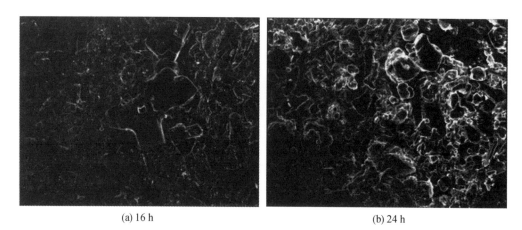

(a) 16 h   (b) 24 h

图 4-5　近饱和盐溶液中浸泡后石膏细观结构(1 000×)

0 mol/L 和 3.08 mol/L(半饱和)盐溶液中石膏的最大、最小晶体簇的几何尺寸与平均表面积均远大于 5.989 mol/L(近饱和)盐溶液中的石膏晶体。相反,5.989 mol/L(近饱和)盐溶液中石膏晶体簇的密集程度远大于 0 mol/L 和 3.08 mol/L 盐溶液中的石膏。

表 4-1　　　　　　　不同浓度盐溶液作用下石膏表层晶体几何特征参数统计表

NaCl溶液浓度/(mol·L^{-1})	最大晶体簇			最小晶体簇			晶体簇个数/个	晶体簇总表面积/μm^2	晶体簇平均表面积/μm^2	图片总像素数/μm^2
	表面积/μm^2	最大长度/μm	最大宽度/μm	表面积/μm^2	最大长度/μm	最大宽度/μm				
0	224.147	81.35	41.45	157.20	23.45	8.36	13	8 598.46	661.42	10 278.58
3.08	3 382.55	87.62	51.72	141.15	16.00	9.27	14	9 535.72	681.12	10 278.58
5.989	599.10	53.26	18.00	4.21	2.18	1.91	76	7 234.30	95.19	10 278.58

3.08 mol/L(半饱和)盐溶液中石膏晶体簇的几何尺寸和平均表面积为最大。其最大晶体簇的出露表面积达到了 3 382.55 μm^2,最大长度尺寸为 87.62 μm,最大宽度尺寸为 51.72 μm。而 5.989 mol/L(近饱和)盐溶液中石膏晶体簇的均表面积仅为 599.10 μm^2。5.989 mol/L(近饱和)盐溶液中石膏岩的晶体簇密集程度为 76 个,而 0 mol/L 和 3.08 mol/L 盐溶液中的石膏岩表层晶体簇则分别为 13 个和 14 个。上述统计结果表明:自由水分子是引起石膏晶体簇变化的主要因素。盐溶液浓度为 3.08 mol/L(半饱和)时,石膏的溶蚀程度最为严重,因此石膏细观结构变化最大。

4.3.5　盐溶液中石膏溶蚀机理分析

石膏的主要成分是 $CaSO_4 \cdot 2H_2O$,其晶体结构如图 4-6 所示。溶液中水分子对石膏的弱化作用主要体现在:

（1）水分子将石膏晶体间胶结物运移进入溶液中,弱化了石膏晶体间的相互作用。

（2）石膏晶体吸水膨胀。

（3）水分子作用下 $CaSO_4$ 的水解电离。

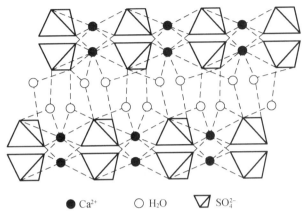

● Ca^{2+}　○ H_2O　▱ SO_4^{2-}

图 4-6　石膏晶体结构

氯化钠对石膏溶蚀的影响主要体现在:

（1）与 Ca^{2+},SO_4^{2-} 之间产生的盐效应;

（2）Na^+,Cl^- 与一部分自由水分子结合,使得溶液中的自由水分子数,Na^+,Cl^- 降低,间接地影响到石膏岩的溶蚀。

由此可知,石膏岩在一定浓度盐溶液中的溶蚀机理为:浸泡于一定浓度的盐溶液中的石膏岩,由于 Fick 扩散、水解电离等效应,固-液之间存在离子或粒子运动。其中,自由水分子与各种离子不停运动,从盐溶液中逐渐进入石膏岩表层。在水解与自身重力的综合作用下,石膏岩表层的泥质和细碎的矿物颗粒会随着水分子的运移进入溶液中,其中的难溶物和不溶物逐渐在底部堆积下来。并且,石膏晶体间的原生孔裂隙和石膏表面原生的缺陷性结构逐渐地暴露在溶液环境中,从而为盐溶液中的离子和自由水分子浸入以及化学反应的进行提供更优越的外部条件。此外,钠盐的存在会对石膏中硫酸钙的溶解和电离产生一定的影响,当氯化钠浓度较低时(0～3.08 mol/L),Na^+ 和 Cl^- 的存在会促进硫酸钙的溶解和电离,从而促进了石膏岩的溶蚀过程;当氯化钠浓度较高时(3.08～5.989 mol/L),Na^+ 和 Cl^- 的存在会抑制硫酸钙的溶解和电离,从而相对抑制了石膏岩的溶蚀。在这个过程中,盐溶液的侵蚀作用直接导致了石膏表面不溶或者难溶物从石膏表面剥落,并被运移进入盐溶液中,使得石膏岩表层结构进一步被破坏。值得注意的是,在这一过程中,由于石膏的吸水膨胀,石膏岩表层颗粒间产生一定的相互挤压内力作用,不过该挤压力较小。石膏本身结构致密,硫酸钙难溶,因此,越靠近石膏体核部,水分子含量就越低,也就是说,浸泡时间一定时,越靠近表层部位,石膏吸水膨胀程度相对就越大。随着时间的延长,这种形变的差异性就会被进一步增大。当这种不均匀形变发生在单个石膏晶体上时,就会导致石膏晶体内部产生形变内力。同时,自由水分子运移进入石膏晶体格架层间的弱结合面中,该结合面的垂距进一步被扩大,使得弱结合面的联结强度被削弱。随着综合作用的不断增强,石膏晶体则会沿着该弱结合面破裂,为盐溶液条件下石膏岩的溶蚀破坏提供了更良好的条件,其溶蚀过程得以进一步发生。如此反复,石膏岩由表及里,层层溶蚀。

4.4 不同温度溶浸液作用下钙芒硝裂纹细观演化规律

4.4.1 常温溶浸液作用下钙芒硝裂纹细观演化规律

图 4-7 是常温溶浸液中钙芒硝溶浸不同时间的 CT 剖面图。由图可见,随着溶浸时间的变化,试件内部裂纹也在发生变化,溶浸 24 h 后,岩样内部个别部位出现裂纹,裂纹的长度和宽度有一定的局限;溶浸 48 h 后,原有裂纹的开裂度继续增加,在试件的不同部位新萌生了无固定走向的裂纹,裂纹间相互交错搭接,为钙芒硝溶解提供了新的通道;溶浸 72 h 后,钙芒硝试件泥质夹层脱落,试件已经没有完整性。

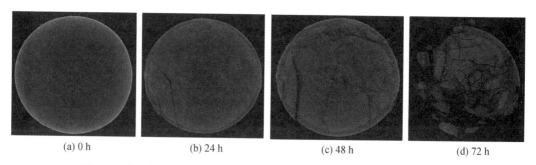

(a) 0 h   (b) 24 h   (c) 48 h   (d) 72 h

图 4-7　常温溶浸液作用下钙芒硝试件不同溶浸时间 CT 剖面图(1 号试件)

4.4.2 35℃溶浸液作用下钙芒硝裂纹细观演化规律

图 4-8 为 35℃溶浸液作用下钙芒硝试件内部显微 CT 剖面图。由图可见,在溶浸之前(0 h),试件内部结构致密,无明显裂纹;溶浸 24 h 后,新裂纹萌生且相互搭接,裂纹纵深已达试件中央,裂纹最宽处[图 4-8(b)白色圈处]达 0.50 mm。溶浸 48 h 后,以产生裂纹为新的溶解面,形成溶解区域,各区域向内继续渗透溶解,裂纹宽度增至 0.79 mm。溶浸 72 h 后,试件内部裂纹最宽裂纹达 1.17 mm,表面出现较大缺口,试件内部形成一面积约为 6.5 mm^2 的空隙,如图 4-8(d)白色圈内所示。35℃溶浸液作用下,钙芒硝主要以裂纹为主要通道进行渗透溶解。

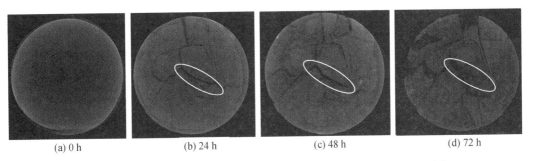

(a) 0 h　　　　　(b) 24 h　　　　　(c) 48 h　　　　　(d) 72 h

图 4-8　35℃溶浸液作用下钙芒硝试件不同溶浸时间 CT 剖面图(3 号试件)

4.4.3　65℃溶浸液作用下钙芒硝裂纹细观演化规律

图 4-9 是 65℃溶浸液作用下钙芒硝试件不同溶浸时间的 CT 剖面图,钙芒硝原样(0 h)同样显示出其致密性,65℃溶液中溶浸 2 h 后,试件表面产生大量微裂纹。溶浸 24 h 后,钙芒硝沿着矿物胶结面裂纹细观的渗透溶解比较突出。由显微 CT 图可见,钙芒硝试件内部裂纹密集,且裂纹之间相互搭接连通,无固定走向,从图 4-9(b)中可见 5 条明显且有一定张开度的裂纹。对典型界面裂纹的长度与开度进行测量,可知连通裂纹最长达 12.19 mm,开度最宽达 0.48 mm。图像大部分区域灰度较低,这些区域为未溶区,说明本阶段钙芒硝溶解主要以新生裂纹为初始途径进行缓慢渗透溶解。溶浸 48 h 后,裂纹在开度与长度两个方向均有所增大。与溶浸 24 h 相比,随着溶解渗透的进一步发展,矿体中没有再产生明显的带状走向裂纹,但整个溶浸区域出现明显的撕裂状结构。表明在本阶段,矿体内部溶解-渗透互进作用明显,图中撕裂状部分即表明是钙芒硝溶解的区域。溶浸 72 h 后,试件表面(图像边缘)出现缺损,试件内部界面裂纹数量及开度变化不大,但撕裂状区域已经波及试件中央。图 4-9 展示了钙芒硝溶解的化学反应与时间的耦合作用过程与效果。

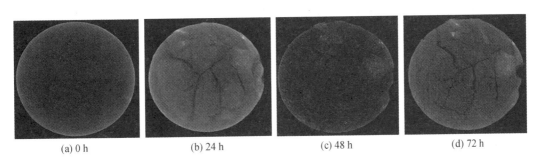

(a) 0 h　　　　　(b) 24 h　　　　　(c) 48 h　　　　　(d) 72 h

图 4-9　65℃溶浸液作用下钙芒硝试件不同溶浸时间 CT 剖面图(5 号试件)

4.4.4　95℃溶浸液作用下钙芒硝裂纹细观演化规律

钙芒硝在 95℃溶液中溶浸时,短时间内试件表面出现微裂纹,细观试验在溶浸 4 h 后开始扫描,从图4-10不同溶浸时间的细观结构剖面图可以看出,95℃溶液中,溶浸4 h时,宏观表面观察到的微裂纹还没有贯穿到试件的内部,细观剖面图看不到内部有任何裂纹,试件边缘出现溶解晕圈;溶浸12 h后,产生两条明显的相互搭接的裂纹,晕圈半径增加;溶浸24 h后,裂纹宽度有所增加,溶解晕圈的半径也继续增大;溶浸48 h后,试件外部出现撕裂状溶解区域,但没有更多的新生裂纹产生;溶浸至96 h,溶解达到试件中心,即整个试件融通。撕裂状的区域在常温和35℃时未有发现,在65℃溶液中有发现,但95℃溶浸液中这一现象更加明显。这一发现说明温度对钙芒硝溶解机理的影响作用明显。

通过分析不同温度溶浸液作用下钙芒硝裂纹扩展规律,我们发现:温度较低时,钙芒硝主要以新生裂纹为通道分区渗透溶解;温度较高时,钙芒硝裂纹发育并不好,溶解主要通过高温中浓度扩散来降低溶质周围的浓度,从而加速钙芒硝的溶解。

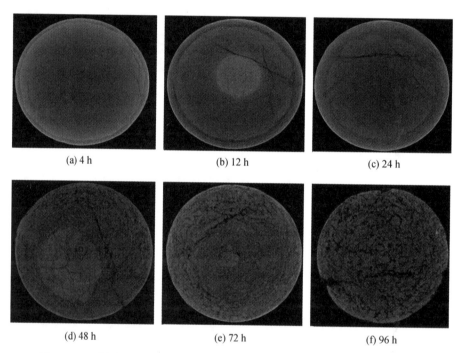

| (a) 4 h | (b) 12 h | (c) 24 h |
| (d) 48 h | (e) 72 h | (f) 96 h |

图4-10　95℃溶浸液作用下钙芒硝试件不同溶浸时间CT剖面图(7号试件)

4.5　不同温度溶浸液作用下钙芒硝细观孔隙演化规律

盐岩天然状态是致密的,但存在一定的孔裂隙,盐岩孔隙率对其渗透性有着决定性的影响。同时,孔隙率变化对岩体骨架的力学特性也有影响。所以研究盐岩微观结构变化对其宏观力学特性的变化有重要的意义,而微观结构通常使用微裂纹和孔隙率来表述。这里孔隙率是指多孔介质横断面内微小空隙的总面积与该断面的总面积的比值。

盐岩的孔隙率反映了孔隙、裂隙在岩石中所占的百分比,孔隙率越大,盐岩中的孔隙和裂隙就越多,孔裂隙越大,盐岩在水中的溶解就越快,且充分溶解后的多孔介质骨架的力学性质就越弱。孔隙率的测量方法很多,从孔隙率的定义可以看到,所有方法的共同点都是需要测三种体积中的其中两种,即样品的总体积、样品的空隙体积和样品的固体骨架体积之中的两种。测量孔隙率的主要直接方法有固体重率法、水银注入法、水银浸泡法、重量分析法、压缩室法、Washburn-Bunting 孔隙计法、气体膨胀法、显微照片投掷法,以及其他间接方法。本节利用自编软件,对 CT 扫描图片进行图像处理分析,利用孔隙与介质在图像中的阈值反差统计出孔隙率。

分析 CT 图片发现钙芒硝原样结构致密,孔隙率仅为 0.07%。不同温度溶浸液作用下孔隙率平均增长速率曲线具有一致增大性,常温和 35℃ 溶液中,钙芒硝在 0～24 h 内孔隙率变化最大,而 65℃ 和 95℃ 溶液中,24～48 h 内孔隙率变化最大,48 h 后,所有温度作用下钙芒硝孔隙率变化均减缓。四种温度除了 65℃,其他三种温度(常温,35℃,95℃)作用下钙芒硝孔隙率平均变化相差不大。结合钙芒硝失重率随温度变化可知,除了常温溶浸液作用下试件脱落失重外,在 35℃,65℃ 和 95℃ 溶浸液中,65℃ 时失重主要是由于钙芒硝溶解所致,而孔隙率随温度的变化也更加证实了 65℃ 溶液中钙芒硝溶解更为充分。

根据上述裂纹演化和孔隙率变化特征,我们发现不同温度作用下钙芒硝的溶解机理:温度较低时,钙芒硝溶质来不及溶解,首先吸水膨胀,晶体和泥质部分吸水膨胀率的差异导致微裂纹产生,裂纹进一步扩展、连通,搭接形成了不同的小闭合区域,形成溶解的新通道;温度较高时,钙芒硝首先受热膨胀,产生新的微裂隙,新产生的微裂隙作为溶解通道,同时,高温易于分子扩散,加剧溶解的速度,后者占据主导。所以,钙芒硝溶解时,温度不同,溶解机理不同,在细观图上能够明确地看到,65℃ 溶液中既有裂纹,也有撕裂状溶解区域,而 95℃ 溶液中裂纹发育不及其他温度段,但撕裂状溶解区域遍布整个试件。

4.6 不同浓度盐溶液作用下钙芒硝细观结构演化规律

在实际工程中遇到的钙芒硝类盐岩除了含有硫酸盐外还含有一定量的氯盐,其中以氯化钠为主,因此研究氯化钠溶液对钙芒硝的物理化学影响机理非常重要。

4.6.1 淡水溶液中钙芒硝细观结构演化过程

图 4-11 为常温淡水溶液中钙芒硝的 CT 扫描重建后的图像。由图可知,淡水溶液中,钙芒硝的原样内部致密,没有明显的孔裂纹,但是却存在明显的泥质胶结物(A,B,C,D)。溶浸 3 h 后,钙芒硝由表及里溶解,由于溶液对不同矿物颗粒的溶浸作用,导致 C,D 两处沿着胶结面出现裂纹。溶浸 6 h 后,岩样内部出现较大的变化,沿着 4 个主要胶结面出现大量明显的裂纹,原有裂纹加长、加宽,并迅速与新生成的裂纹贯通,钙芒硝晶体内部

同时也出现微裂纹,使整个岩样濒临破裂。溶浸9h后,钙芒硝骨架完全破裂,原有裂纹加宽、加长,泥质胶结物基本破碎,溶液沿着裂纹浸入岩样内部,从而促进钙芒硝的溶解。溶浸12h后,钙芒硝的泥质夹层脱落,纯的钙芒硝由表及里继续溶解。

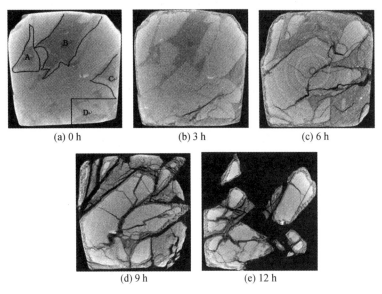

图4-11　常温淡水溶液中钙芒硝的CT扫描重建结果(放大倍数为31倍)

4.6.2　半饱和盐溶液中钙芒硝细观结构演化过程

图4-12为常温半饱和盐溶液中钙芒硝的CT扫描结果。由图4-12可知,钙芒硝原

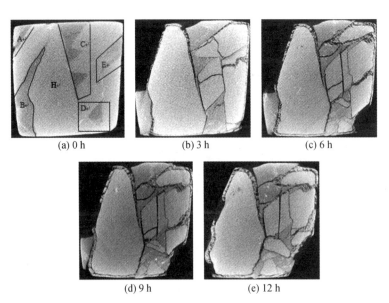

图4-12　半饱和盐溶液中钙芒硝的CT扫描重建结果(放大倍数为31倍)

样中有较多的泥质胶结物,纯的钙芒硝晶体 H 将胶结物分成两部分(A, B; C, D, E)。钙芒硝在常温半饱和盐溶液中溶浸 3 h 后,H 左侧的泥质胶结物(A, B)基本脱落,由于溶液对不同矿物的溶浸作用,H 右侧沿着泥质胶结面出现裂纹网络,且纯的钙芒硝边缘处及裂纹处晶体出现溶解现象。溶浸 6 h 后,原有裂纹加宽,部分晶体脱落,钙芒硝继续由表及里缓慢溶解。溶浸 9 h 与溶浸 6 h 相比较,钙芒硝内部孔裂纹变化不大。钙芒硝在半饱和盐溶液溶浸 12 h 后,H 右侧的胶结物及晶体基本破碎。

4.6.3　饱和盐溶液中钙芒硝细观结构演化过程

图 4-13 为饱和盐溶液中钙芒硝的溶浸情况。由图可知,钙芒硝内部含有两处主要的胶结物(A, B),且均包含于钙芒硝内部。溶浸 36 d 后,钙芒硝由表及里仅溶解 1 mm 左右,且内部结构基本没有变化。这主要是由两方面的因素造成的:一是此时的盐溶液已经接近饱和状态,钙芒硝中的可溶矿物很难再溶解;二是在溶浸过程中结晶析出的硫酸钠固体附着于钙芒硝表面,减小了溶液与可溶矿物的接触面积,进而抑制钙芒硝内部裂纹的产生与扩展。

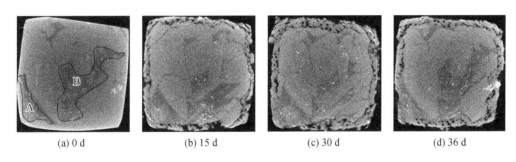

(a) 0 d　　　　　(b) 15 d　　　　　(c) 30 d　　　　　(d) 36 d

图 4-13　饱和盐溶液中钙芒硝的 CT 扫描重建结果(放大倍数为 31 倍)

4.7　溶浸弱化后钙芒硝在不同载荷下的细观结构演化

钙芒硝矿石呈青灰色,钙芒硝矿体中含有大量透明发亮或浅黄色的不规则钙芒硝块状晶体,单从矿体看不出明显的层理和节理结构。钙芒硝置于空气中易受潮,表面析出大量的白色结晶体,如图 4-14、图 4-15 所示。

试样取样地点为四川蓉兴化工有限公司下属钙芒硝矿,该矿采用井下炮采和硐室水溶法共采方式开采钙芒硝,矿床埋深为地下 300 m,本研究所用矿石取自 3 号矿层,矿石经爆破后掉落于巷道中,选取其中形状较规则的石块,高度约 30 cm,长、宽 40~50 cm,共取 25 块,重约 3 t,用矿车运至地面后,立即用塑料薄膜缠紧包裹,防止遇水溶蚀、风化。经化学分析测得,所取钙芒硝矿石品位为 42.86%,矿石中,钙芒硝占 75%,伊利石、蒙脱石、

图 4-14 钙芒硝矿石（自然状态）

图 4-15 钙芒硝矿石（风化后）

石英、云母等其他泥杂质占 25%，为难溶性盐岩矿石，具体矿物含量如表 4-2 所示。

表 4-2 钙芒硝的矿物组分及含量

成分	钙芒硝	伊利石	蒙脱石	云母	石英	绿泥石	其他
含量/%	75	6	5	4	4	4	2

钙芒硝试件在加载前需要将其放入加热的水溶液中溶浸 10 h，此过程在具有加热、保温功能的不锈钢制保温桶内进行。另外，还配有温度计、烧杯、量筒等试验用具，保温桶配有温控开关，可保证长时间温度恒定。

具体试验步骤如下：

(1) 将自然状态的 1～9 号试件量取完尺寸和质量并记录完数据后，分别对其进行 CT 扫描，经多次调试后，最终确定下 CT 扫描参数：扫描电压，140 kV；扫描电流，180 μA。扫描 9 个试件的位置坐标、扫描中心坐标始终保持不变。每个试件扫描完成得到试件全高范围内 1 500 张断面图。

(2) 将在自然状态下扫描完成的 9 个试件置于试验设计温度的水溶液中溶浸 10 h，试验中水溶液体积设定为 12 L，溶浸装置装有顶盖，溶浸过程中关上顶盖，防止水分挥发散失，保证溶浸液体积不变。试件溶浸完成后进行物理参数测量，随后立即进行力学试验。注：1 号试件在溶浸结束后，对其溶浸后状态再进行一次 CT 扫描，扫描参数与步骤 (1) 相同，其他试件溶浸后未进行 CT 扫描。

(3) 对溶浸后的试件进行单轴压缩试验，加载速率为 0.002 mm/s。其中，1 号、4 号、7 号试件当轴向载荷加载到 1 MPa 时，停止加载；2 号、5 号、8 号试件分别加载到 4.8 MPa，3.5 MPa，1.5 MPa 时停止加载，停止加载时的轴向荷载大小为相应试验条件下单轴抗压强度值的 1/2；3 号、6 号、9 号试件在达到峰值强度后停止加载。

(4) 将单轴压缩后的 1～9 号试件进行 CT 扫描，扫描参数与步骤 (1) 中参数相同，得到试件加载后的 CT 图像，每个试件扫描完成得到试件全高范围内 1 500 张断面图。

4.7.1　钙芒硝的裂纹演化规律

在对 1～9 号试件施加不同轴向应力后，对各试件进行 CT 扫描，得到试件全高范围内 1 500 张断面图，基本包括了试件全高内的所有内部结构特征。CT 图像的灰度是岩石内部相应部位密度值的函数，因此可以通过 CT 图像灰度的变化来定性、定量地观察岩石试件内部的裂纹分布情况，希望通过钙芒硝在递进变形阶段中的断面结构图像，观测到试样中裂纹、扩展、闭合、分叉、贯通等损伤活动过程。

1. 35℃水溶液溶浸后轴向载荷作用下裂纹变化规律

图 4-16 为钙芒硝试件在不同状态下的 CT 扫描断面图，由于轴向荷载为 1 MPa，由应力加载产生的裂纹主要集中在试件顶部和底部，因此选择靠近顶部的第 150 层断面图进行对比分析。图 4-16(a)为自然状态下的钙芒硝，钙芒硝为复盐，其成分大部分为硫酸钠，在 CT 图像中显亮，密度大且致密，其中掺杂少部分泥质杂质，密度较硫酸钠小，呈斑状阴影，与硫酸钠胶结组合无序分布，钙芒硝盐岩原生孔裂隙较少，没有明显裂纹。通过试验发现试件在 35℃水溶液中溶浸作用下，钙芒硝试件外侧出现暗色圈，这是由于在试件外表面发生溶解重结晶而形成的，并产生新的裂隙，裂隙之间溶蚀边缘相通，试样边缘可溶矿物首先被溶解，形成孔隙通道，随后溶液进入该孔隙通道，在新的固液界面继续溶解可溶矿物，使孔隙通道体积越来越大。在应力作用下，钙芒硝又会新增裂纹区域，同样可以明显观察到该区域裂纹的起点也位于试件边缘，边缘遇水溶蚀，产生众多细小的裂隙，加载轴向应力后，边缘裂隙处出现应力集中现象，使之继续开裂从而形成更大的裂隙。可见在该组低应力试验条件中，溶浸作用对裂纹的生成起了重要的作用，既使矿物溶解产生了较多孔隙，也使钙芒硝强度产生弱化现象，使之在加载应力后容易产生裂隙并扩展。

(a) 自然状态　　(b) 1号轴向载荷1.0 MPa　　(c) 2号轴向载荷4.8 MPa　　(d) 3号轴向载荷8.4 MPa

图 4-16　35℃溶浸后轴向加载试件断面

从试件 CT 扫描断面图中可以发现，即在 35℃溶液溶浸作用后加载轴向应力试验条件，轴向载荷为 1 MPa 时，断面上肉眼可见的宏观裂纹数量很少，由图 4-16(b)可见，裂纹长度和宽度都不大，断面中间部位几乎无可见裂纹；当轴向荷载增大到 4.8 MPa 时，此时应力值约为其抗压强度的一半,处于弹性或微弹性裂隙稳定发展阶段,断面内的裂纹数量明显增加,但整体上裂纹较细,越靠近边缘,裂纹越密集,长度越长,宽度也越大,中部裂纹稀疏,且裂纹排列方向杂乱无章,互相交错。当轴向荷载达到 8.4 MPa 时,试件处于破坏阶段,断面出现两条明显的贯通裂缝,这是单轴抗压试件破裂的最明显特征。

2. 65℃水溶液溶浸后轴向载荷作用下裂纹变化规律

如图 4-17(a)所示,溶浸温度为 65℃、轴向荷载为 1 MPa 的断面图中,裂纹明显比溶浸温度 35℃、轴向荷载 1 MPa 时多,且裂纹不仅仅局限于试件边缘,其宽度较细,如"丝状分布",试件边缘上溶蚀圈的面积也有所增大。当轴向荷载增大到 3.5 MPa 时,断面上出现了大量交织在一起的裂缝,其宽度比轴向荷载为 1 MPa 时大,且呈"血管状"分布,裂缝间充填物的灰度经判别并非空气,应为试件在水中溶解时形成的溶蚀通道,可溶矿物通过这些裂缝从试件内部以溶质的形式运移到外界溶液中,当把试件从溶浸液中取出,原裂缝间流动的可溶物又会重新结晶填充于其中;当轴向应力超过峰值又降到 6.2 MPa 时,断面上出现贯通裂缝,试件内部与外界环境通过裂缝连通,裂纹数量较 3.5 MPa 时少,且分布范围较广,没有出现局部密集排布现象。

 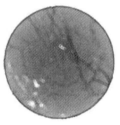 

(a) 4号轴向载荷1.0 MPa　　(b) 5号轴向载荷3.5 MPa　　(c) 6号轴向载荷6.2 MPa

图 4-17　65℃溶浸后轴向加载试件断面

3. 95℃水溶液溶浸后轴向载荷作用下裂纹变化规律

如图 4-18 所示,当溶浸温度为 95℃、轴向应力为 1 MPa 时,断面上的裂纹分布情况与 65℃时相似,当应力值增大到 1.5 MPa 时,断面上的裂纹宽度变大;当轴向应力达到峰值强度进入破裂阶段,应力下降到 2.2 MPa 时,试件出现开度较大的裂缝,可以明显看出

(a) 7号轴向载荷1.0 MPa　　(b) 8号轴向载荷1.5 MPa　　　(c) 9号轴向载荷2.2 MPa

图 4-18　95℃溶浸后轴向加载试件断面

裂缝从试件边缘的溶蚀圈开裂并向试件内部延伸发展,最终闭合。由于溶解作用由表及里进行,试件外部经过溶蚀重结晶,试件的损伤程度也从内而外逐渐变大,因此在加载时,先在溶蚀圈出现裂尖并开裂。

4.7.2 钙芒硝的裂纹数量

通过 CT 图像软件,对扫描得到的 CT 图像进行处理、分析、统计。以图 4-16(c)为例。

(1) 设置图像尺寸比例。

用游标卡尺重复量取自然状态 3 号试件的中部直径并取均值:$\phi = 48.7$ mm,在图像处理软件中打开自然状态 3 号试件的 CT 断面图,在断面图上用直线标出试件直径,将其实际长度值设为 48.7 mm,保存图片直线长度与实际长度的比值,由于进行 CT 扫描的所有参数均相同,所以得到的所有 CT 图像的放大倍数也都相同,即图像尺寸比例均相同,因此在设置好的比例下,打开任意一张断面图均可通过画直线量取其实际长度。

(2) 阈值分割。

扫描所得的 CT 图片为灰度图像,每张图像由众多像素组成,每个像素都对应一个灰度值,灰度值的值域为 0～256,CT 技术原理决定了 CT 图像中密度越大的区域灰度值越大,亮度越高。而在试验环境中,空气密度最小,所以 CT 图像中钙芒硝外围的空气颜色呈黑色,同样,钙芒硝试样孔裂隙间也为空气,所以孔裂隙内部的灰度值应与空气灰度值相近。但是不同尺度的孔裂隙的灰度值也不尽相同,所以需要一个合适的阈值来判别,灰度小于该阈值的部分为裂隙,大于该阈值的部分为非裂隙,选择合适的阈值将灰度图像二值化,通过多种阈值算法比较,发现选用 ISODATA 聚类算法最优,计算得到阈值为 125,即灰度值在 0～125 为孔裂隙,灰度值在 125～255 为岩石基质。

(3) 统计不同尺寸裂纹。

《金属材料 弯曲试验方法》(GB/T 232—2010)对不同类型的裂纹种类进行了定义(表 4-3),在 CT 图像处理软件中,主要通过孔裂隙尺寸(size/mm^2)和圆度(circularity/1)两个参数确定。孔裂隙尺寸即孔隙所占面积,圆度是指工件的横截面接近理论圆的程度,计算公式为

$$e = \frac{4\pi \cdot S}{C \cdot C} \tag{4-2}$$

式中　e——圆形度;

　　　S——图形面积;

　　　C——图形周长。

当 e 为 1 时,图形即为圆形;e 越小,图形越不规则,与圆形相差越大。圆的圆形度为 1.0,正四边形的圆形度为 $\pi/4$,等边三角形的圆形度为 0.6,所以将裂纹的圆形度取值范围确定为 0～0.6。

裂纹种类	微裂纹	裂纹	裂缝
长度/mm	< 2	2～5	>5
宽度/mm	< 0.2	0.2～0.5	>0.5
尺寸/ mm²	<0.4	0.4～2.5	>2.5
圆形度/1	0～0.6	0～0.6	0～0.6

表 4-3   **裂纹的尺寸分类**

按照上述对裂纹尺度的描述,统计区分出的各类裂纹如图 4-19 所示。

统计发现不同类型裂纹的通性规律:微裂纹数量最多,共 86 条;裂纹数量次之,共 18 条;裂缝数量最少,共 9 条。从微裂纹到裂缝,它们的平均面积分别为 0.136 mm², 1.059 mm², 10.940 mm²,面积大小以约 10 倍递增;平均周长(裂纹轮廓)分别为 1.929 mm, 7.832 mm, 41.017 mm。

图 4-19 不同尺度裂纹分布

1. 35℃水溶液溶浸后轴向载荷作用下不同类型裂纹数量

从钙芒硝试件不同状态下各断面不同等级裂纹数量看,无论钙芒硝盐岩是处于何种试验状态下,微裂纹数都是最多的。裂纹数量次之,裂缝数量最少,盐岩的这种不同裂纹类型的数量特征在大部分岩石中都具有,这是由岩石的成岩特点和岩石内部结构所决定的。尤其是自然状态钙芒硝,其内部结构致密,几乎不见宏观级别的裂缝,钙芒硝从自然状态经过溶液溶浸及轴向应力加载导致损伤加剧后,微裂纹数量在逐渐减少,裂纹数量在逐渐增多,裂缝从无到有,之后继续增多。

2. 65℃水溶液溶浸后轴向载荷作用下不同类型裂纹数量

65℃水溶液溶浸后轴向载荷作用下,随着轴向应力和变形量的增加,轴向应力从 1 MPa 到 1/2 抗压强度,再到试件破坏阶段时的 6.2 MPa,微裂纹数均值以 8 条递减,在此过程中裂纹和裂缝数则在上升,裂纹均值先从 38 条增长到 44 条,增加了 6 条,再从 44 条增加到 49 条,增加了 5 条;而裂缝数均值增长幅度最小,从 1 MPa 时的 13 条,增加到 3.5 MPa 时的 14 条,最后增加到破裂时的 17 条,共增加了 4 条。

3. 95℃水溶液溶浸后轴向载荷作用下不同类型裂纹数量

95℃水溶液溶浸后轴向载荷作用下,轴向应力从最初的 1 MPa 增加到后来的 1.5 MPa,再增加到最终的 2.2 MPa,微裂纹数均值从 140 条先减小到 135 条,减小了 5 条,再从 135 条减小到 127 条,减小了 8 条;裂纹数均值先从 40 条增加到 44 条,增加了 4 条,又增加到 49 条,增加了 5 条;裂缝数均值从 11 条增加到 18 条,增加了 7 条,又增加到 24 条,增加了 6 条。即在 95℃水溶液溶浸后轴向载荷作用下,随着轴向应力值增大,微裂纹数量减小,而裂纹数量和裂缝数量则不同程度增大。

综上所述,从溶浸温度和轴向应力两个因素分析钙芒硝裂纹数量的变化规律。随着溶浸温度条件的改变,微裂纹数量的变化趋势有着明显的变化。溶浸温度为 35℃时,微裂纹数量随着轴向应力增加而减少,且从 1 MPa 到 1/2 抗压强度时,变化幅度小,从 1/2 抗压强度到破裂阶段,微裂纹数量大幅下降,整体为非线性减小的趋势,而溶浸温度升高到 65℃和 95℃时,微裂纹数量呈线性减少。在三种溶浸温度条件下,裂纹数均随着轴向应力增加呈小幅线性增长;不同溶浸温度条件下,裂缝数变化规律与裂纹数基本一致,呈线性增长,但是在 35~65℃之间,裂缝数的增大趋势较小,而溶浸温度达到 95℃时,裂缝数增长幅度变大。综上所述,不同温度溶浸后轴向加载,各种类型裂纹数的变化规律具有通性:微裂纹数量减小,裂纹和裂缝数量增加,这是因为随着钙芒硝试件受到溶浸及应力损伤逐渐增大,原微裂纹逐渐扩展、汇合、连通,形态和尺寸逐渐变大,经历量变后发展成质变,原来的数条微裂纹共同演变为裂纹甚至裂缝,而多条裂纹也可以共同演变为裂缝,使不同类型裂纹数量呈现上述变化规律。

4.7.3 钙芒硝的孔隙结构

孔隙率、平均孔径、比表面积均可基于 CT 断面图像计算得出。孔隙率 n 为孔隙所占的像素点数 $N_孔$ 与全部像素点数 $N_总$ 的比值:

$$n = \frac{N_孔}{N_总} \times 100\% \tag{4-3}$$

平均孔径的计算公式为

$$d = D \cdot \sqrt{\frac{n}{N}} \tag{4-4}$$

式中 d——平均孔径;

D——试件直径;

n——孔隙率;

N——孔隙个数。

计算比表面积时,先进行以下假设:

(1) 将 CT 断面里的所有孔隙等效为以平均孔径 d 为直径的圆形孔隙;

(2) 将上述圆形孔隙看成直径同为 d 的圆球,平面圆形孔隙看成三维空间中的球状孔隙,将所有的 N 个球形孔隙平铺排列;

(3) 将 CT 图像的圆形横断面转化为等效三维空间,该三维空间可理解为圆柱形钙芒硝试件的一个"切片",切片厚度为球体孔隙的直径。

比表面积计算公式为

$$S_比 = \frac{4 d \cdot N}{D^2} \tag{4-5}$$

式中 $S_{比}$——比表面积；

$\quad\quad d$——平均孔径；

$\quad\quad D$——试件直径；

$\quad\quad N$——孔隙个数。

由式(4-3)计算所得 1 号钙芒硝试件不同状态下各层孔隙参数变化特征如图 4-20 所示。

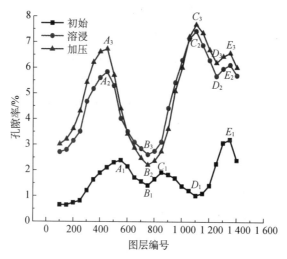

图 4-20   1 号钙芒硝试件在不同试验条件下各图层孔隙率分布

图 4-20 为 1 号试件分别在自然状态、溶浸后、轴向加载后孔隙率在试件轴向上的分布情况，从图中可以看出，不同状态下钙芒硝试件的孔隙率分布存在着一定的规律性：断面图层编号从第 100 层到第 1 400 层，即沿试件顶端到底端的轴向方向，三条孔隙率曲线有着相同个数的孔隙率极大值点(点 A，C，E)和极小值点(点 B，D)，且极值点排列顺序相同，但是出现极大值点和极小值点的图层位置和数值都有所改变。极值点是与附近点孔隙率差异较大的点，所以将极值点作为特征点重点分析，其中极大值点是附近点中孔隙率最大的点，因此它所在图层是所有图层中最能体现孔裂隙结构特征的。用字母标明各极值点，首字母相同的极值点对应钙芒硝的同一部位，下标数字 1，2，3 分别表示初始、溶浸、应力条件。各极值点以第 750 层为分界点，分别向两个端部偏移。由于溶浸前后两次 CT 扫描所用 X 线的电流电压、图像放大倍数、试件放置位置均相同，所以引起图 4-20 中极值点图层位置改变的原因是试件在轴向方向上发生了变形，试件长度有所增加，钙芒硝在浸泡后发生了膨胀，这可以从钙芒硝试件溶浸前后测量得到的尺寸数据得到验证：1 号试件在 35 ℃水溶液中溶浸 10 h 后，直径由 48.9 mm 增大至 49.0 mm，高度由 97.8 mm 增加至 98.1 mm；同样，其他经过溶浸的试件直径和高度也都有所增大，也发生了膨胀。试件膨胀变形在轴向方向上还具有对称性，图 4-20 中可以看到，试件中心处位置并没有发生明显的改变，试件是从中部向两端发生膨胀变形。

从图 4-20 可知,1 号钙芒硝溶浸后的孔隙率曲线上各值比初始状态下的各值都大,溶浸后孔隙率平均值是初始状态的 2.80 倍,钙芒硝在 35 ℃水溶液中浸泡 10 h 后,试件被部分溶蚀,钙芒硝中易溶成分硫酸钠(Na_2SO_4)首先被溶解,使试件密度减小,孔隙率增大。施加轴向荷载后试件各断面孔隙率与溶浸后的各断面孔隙率值相比,试件在点 A 处变大,点 B 处变小,点 E 处变大,孔隙率增减趋势不一致。分析 1 号试件溶浸后和加压后孔隙率值的变化情况,发现钙芒硝符合单轴压缩条件下软岩的变形特征,钙芒硝试件在 1 MPa 轴压下,处于孔裂隙压密向弹性变形过渡阶段,在靠近两端部的区域,1 MPa 轴压下孔隙率值比加载前孔隙率值大且差异较明显,越远离端部孔隙率增长越小直至减小,说明在端部以外区域,可能出现原张开性结构面或裂隙逐渐闭合、被压实的情况。吴池在盐岩三轴蠕变声发射特征研究试验中,根据各时段内事件发生的数量和部位,对各时间点的盐岩内部损伤破坏部位进行了空间定位,其在 0~5 min 蠕变初始阶段内部损伤分布情况与本试验中孔隙率位置分布情况相吻合。

1. 35 ℃水溶液溶浸后轴向载荷作用下孔隙结构变化规律

35 ℃水溶液溶浸后轴向载荷作用下,钙芒硝试件的孔隙率、孔隙平均直径以及孔隙比表面积随着轴向应力的增加而增加。钙芒硝试件受到的轴向载荷从 1 MPa 到 4.8 MPa,即从孔裂隙压密向弹性变形过渡阶段到微弹性阶段,钙芒硝孔隙率从 4.94% 增加到 6.09%,增加了 1.15%;孔隙平均直径增加了 0.041 mm;孔隙比表面积增加了 0.23 cm^2/cm^3。当轴向应力从 4.8 MPa 增大至试件破裂后的 8.4 MPa 时,孔隙率增加了约 1.6 倍;孔隙平均直径增加了 0.358 3 mm;孔隙比表面积增加了 1.35 cm^2/cm^3。可见随着试件所受应力损伤程度增大,孔隙率、孔隙平均直径、孔隙比表面积的增长幅度都在增大。这是由于在轴向加载前期阶段,试件处于弹性变形或微弹性变形阶段,试件内部结构经历了从孔裂隙压密到微破裂稳定发展的过程,所以到加载后期,试件进入破坏阶段,内部结构剧烈变化,孔隙受到横向张拉作用导致直径变大,孔隙相互贯通使得孔隙率、平均孔径、孔隙比表面积大幅增加。

2. 65 ℃水溶液溶浸后轴向载荷作用下孔隙结构变化规律

65 ℃水溶液溶浸后轴向载荷作用下,钙芒硝试件的孔隙率、孔隙平均直径以及孔隙比表面积随着轴向应力的增加都在增加。轴向应力从 1 MPa 到 3.5 MPa,钙芒硝的孔隙率增加了 0.3 倍;孔隙平均直径增加了 0.2 倍;孔隙比表面积增加了 0.45 cm^2/cm^3。轴向应力从 3.5 MPa 到 6.2 MPa,孔隙率增加了 9.26%;孔隙平均直径增加了 0.178 9 mm;孔隙比表面积增加了 1.88 cm^2/cm^3。由此看出,随着试件所受应力损伤程度越大,孔隙率、孔隙平均直径、孔隙比表面积的增长幅度都在增大。这与 35 ℃水溶液溶浸后轴向载荷作用下钙芒硝孔隙参数增长变化规律相同。由于 65 ℃溶浸后轴向加载的应力值所对应的变形阶段与 35 ℃溶浸后轴向加载的应力值对应的变形阶段相同,所以孔隙变化机理也基本相同。

3. 95 ℃水溶液溶浸后轴向载荷作用下孔隙结构变化规律

95 ℃溶液溶浸后轴向载荷作用下钙芒硝孔隙参数变化规律与 65 ℃相同,即随着轴向应力的增大,钙芒硝的孔隙率、孔隙平均直径以及孔隙比表面积都在增加,且各孔隙参数的增长幅度也在增大。从 1 MPa 到 1.5 MPa,钙芒硝孔隙率从 8.00% 增加至 9.36%,增加了 1.36%;孔隙平均直径增加了 0.034 2 mm;孔隙比表面积增加了 0.43 cm^2/cm^3。从 1.5 MPa 到 2.2 MPa,孔隙率增加了约 1.2 倍;孔隙平均直径增加了 0.229 6 mm;孔隙比表面积增加了 2.03 cm^2/cm^3。

通过 CT 图片数据分析发现,不同温度溶液溶浸后加载轴向应力 1 MPa 时,随着溶液温度的升高,孔隙率值也在上升,而溶浸后加载 1 MPa 轴向载荷时和溶浸后未加载时的孔隙率值差别并不大,当轴向载荷较小仅为 1 MPa 时,试件受到的溶浸-应力损伤主要为溶浸作用引起,而溶浸温度则是影响溶浸效应的最主要因素。温度较低为 35℃ 时,钙芒硝先吸水膨胀,不同矿物因吸水膨胀率的不同导致微孔隙产生,形成初始的溶蚀空间,随着溶解的进行,孔隙不断连通、扩展、汇合,形成数量更多、孔径更大的孔隙;当溶浸温度升至 65～95℃ 时,钙芒硝首先受热膨胀,试件各部位受热膨胀不均,产生众多孔隙,形成可溶矿物的溶蚀通道,与此同时,分子在高温下易扩散,使溶解速度大幅提高,在相同的溶解时间内 Na_2SO_4 等可溶矿物的溶解量也更大,产生的孔隙自然也更多,孔隙率也越大,且在 65～95℃ 高温温度段内,温度越高,溶解效应也越明显,造成的溶蚀损伤也越大,孔隙率也越大。通过控制溶浸后试件加载条件,使之处于相同的应力状态(1 MPa、1/2 抗压强度、应力峰值),但在加载前试件因不同温度溶浸造成的初始损伤程度不同,导致加载后的损伤程度、破坏类型、破坏机理不同,使初始损伤大的试件在加载时其孔裂隙的生成、扩展过程更剧烈,最终的损伤程度也更大,这点可以从相应试验条件下试件的孔隙平均直径和孔隙比表面积的变化规律得到很好的体现。

4.7.4 钙芒硝的细观结构演化机理

钙芒硝在溶液中发生结构变化主要由两方面原因引起:一是矿物与水之间发生的化学反应;二是矿物遇水软化、膨胀等物理变化。当孔隙液中 Na_2SO_4 浓度大于该温度下 Na_2SO_4 的溶解度,孔隙液中部分 Na_2SO_4 就会析出结晶,充填孔隙并产生膨胀,抑制固体骨架裂纹的扩展;若孔隙液中 Na_2SO_4 成分浓度小于该温度下 Na_2SO_4 溶解度,此时 Na_2SO_4 以离子形式存在,孔隙液呈流动状态,继而更多的可溶物分解成游离态参与到传质过程,从而产生大量溶解通道,促进钙芒硝孔裂隙的产生与扩展。钙芒硝的另一种主要成分 $CaSO_4$ 遇水会产生溶解和水化反应。$CaSO_4$ 经水化作用生成 $CaSO_4 \cdot 2H_2O$,体积膨胀约 1/3,体积膨胀使原孔隙发生闭合,起到抑制孔裂隙起裂扩展的效果;而部分固体 $CaSO_4$ 溶解成为离子游离态,原固体骨架产生孔隙及微裂纹。然而,$CaSO_4$ 的溶解和水化效应是微弱的,在对钙芒硝内部孔裂隙生成的影响也是非常有限的。此外,钙芒硝矿石中还含有少量蒙脱石,蒙脱石具有遇水膨胀特性,产生与 $CaSO_4$ 水化相似效应,抑制裂纹产生与扩展。综上所述,在不同温度下的溶浸过程中,不同矿物的热应力差异和可溶矿物溶解是钙芒硝内部孔裂隙产生与扩展的主要因素。

当钙芒硝盐岩与水溶液接触后,钙芒硝中孔裂隙会由于溶蚀作用使裂纹尖端部位发生溶解,使裂纹形状发生改变,导致裂纹临界应力强度因子 K_{IC} 降低,当降低后的 K_{IC} 值小于裂纹尖端附近部位的应力强度因子 K_I 时,裂纹失稳扩展。在力学试验中表现为随着溶蚀效应增强,相同变形阶段的应力值不断降低。

通过试验观察发现,钙芒硝溶浸后轴向加载阶段孔裂隙的变化主要有以下几个阶段:

(1) 在低应力阶段,除了原生孔裂隙被压缩闭合、岩石介质受压导致结构有小程度调整,几乎无新孔裂隙产生;

(2) 当轴向应力慢慢增加,大量的小的孔裂隙不断生成并扩展;

(3) 当轴向应力继续升高并处于较高应力值时,更多的细观孔裂隙继续生成和扩展,逐渐形成主裂纹并进一步扩展;

(4) 当应力值过高时,试件发生破坏,细观主裂纹会发展成为贯通裂面,产生大量的宏观裂纹。

4.8 本章小结

(1) 在去离子水与半饱和盐溶液中,受溶浸水化与吸水膨胀作用,石膏晶体尺寸增大,晶体间孔隙与晶体簇密度减少,但大尺寸晶体间界面结构明显。在饱和盐溶液中,由于盐溶液中氯化钠晶体析出,晶体表面晶析包裹现象明显,原生孔隙被析晶充填。与试件原样相比,晶体大小及尺寸基本不变,但孔隙数量明显减少。

(2) 利用 μCT225 kVFCB 型高精度(μm 级)显微 CT 试验分析系统,对不同温度、不同溶浸时间作用下的钙芒硝矿试件进行了细观结构演化研究。研究发现:不同温度溶浸液作用下钙芒硝细观结构演化机理不同。常温条件下,泥质胶结物的水化膨胀作用明显;35℃和65℃溶浸条件下,水化膨胀产生裂纹,可溶成分主要沿着裂纹渗透溶解;95℃溶浸液作用下,温度对溶液浓度的扩散起了主要作用。

(3) 对钙芒硝在不同温度溶浸后进行轴向加载试验,发现各种类型裂纹数量的变化规律具有通性:微裂纹数减小,裂纹和裂缝数增加,这是因为随着钙芒硝试件受到溶浸及应力损伤逐渐增大,原微裂纹逐渐扩展、汇合、连通,其形态和尺寸逐渐变大,原来的数条微裂纹共同演变为裂纹甚至裂缝,而多条裂纹也可以共同演变为裂缝。相同应力状态下,各孔隙参数数值均随着温度升高而增大,但是不同温度溶浸造成的初始损伤程度不同,导致加载后的损伤程度和破坏类型、机理不同,使初始损伤大的试件在加载时随着应力增加,孔裂隙的生成、扩展过程更剧烈,最终的损伤程度也更大。

第5章 三剪能量屈服准则与层状盐岩界面稳定性

5.1 引言

盐岩溶腔的稳定性一直以来就是国内外盐岩溶腔油气储库设计所关注的重点问题，其中极限运营气压值以及循环模式的选取又是影响盐岩溶腔稳定性的直接因素之一。由于作用在储库内壁的压力和原岩应力的应力差，在溶腔围岩及周边的盐岩内会产生切应力，并且在此切应力作用下而发生持续变形（蠕变）。然而，如果溶腔内压下降得太快，盐岩所承受的切应力一旦超过盐岩的屈服强度，就会在其内部产生微裂隙，其蠕变过程中会产生体积膨胀（扩容）。微裂隙被认为是损伤，会降低盐岩的剪切强度，从而造成盐岩蠕变率的增加。和蠕变类似，损伤也是一个渐进的过程，只要切应力超过盐岩的强度，微裂隙就会积累起来。因此，如果使盐岩储库周围产生损伤的应力状态长时间保持或频繁地出现（由于内压循环的压力值太低），不断产生的微裂隙就可以集结沟通形成大裂隙，从而导致盐岩从顶板和围岩开始散裂，使得整个储库失稳。

与国外巨厚盐丘结构不同，我国盐岩矿床属于典型的层状盐岩，其大多为近水平层状分布，总厚度较大，但单层厚度相对较薄，且分布着众多的难溶夹层（如石膏层、钙芒硝层、泥岩层等），厚度从几厘米至几米不等。盐岩在变形特点上属于一种软岩，具有良好的流变性，而这些相对硬和脆的非盐夹层在变形和破坏形式上与纯盐岩有着根本性的区别。夹层的存在破坏了盐岩溶腔顶板和围岩应力分布的连续性，由于各个岩层物理力学特性不同，各层对载荷的响应也不同，直接导致各层不同的水平应力和破碎压力，尤其在界面上各点所产生的应力状态相当复杂，极易产生损伤[72]。界面是一种由多尺度、多晶粒所构成的非均质、各向异性的复合材料，材料之间的力学属性不匹配，必然造成界面处出现极为复杂的细观应力场：变形能力强的盐岩晶粒由于要协调夹层颗粒的变形会受到附加压力作用，自身更加稳定；变形能力弱的夹层颗粒由于要协调盐岩晶粒的变形会受到附加拉力作用，更易发生破损；颗粒间的相互作用将会引起细观应力的重新分布，从而加剧界面变形不协调及微破裂的形成[73]。再有，由于盐岩具有良好的流变性，在地应力的作用下，盐岩储气库的运营过程实质也是腔体体积不断收缩的过程，夹层材料和盐岩的变形差异在界面上会引起附加切应力，一旦界面上的切应力超出界面的剪切强度，则会引起界面滑移损伤；另外，在储气库周期性注采气作用下，尤其在储库低压运行时，储库内压和原位应力的应力差也会在腔体顶板和围岩中引起较大的切应力,使得界面所处的应力环境更加恶劣[74]。若储库内压下降得太快,界面处的盐岩或夹层材料所承受的切应力可能超过其强度,从而在盐岩或夹层材料中产生微裂隙。和蠕变类似,界面的滑移损伤和其上、下岩层材料的损伤也是一个渐进积累的过程,界面一旦产生微裂隙,腔内流体就会渗透进入界面,并且储库均处于一定的地层深度(500~2 000 m),地温效应不容忽视,另外,在利用盐岩溶腔进行核废料处置时,同样会造成围岩温度的变化,对于受变形约束的盐岩和夹层颗粒而言,界面处颗粒间的热膨胀系数不同,温度变化引起的附加应力场进一步加剧界面的破损,微裂隙经过集结沟通就会扩展为宏观裂隙。溶腔围岩处界面损伤可以在储库运营过程中导致流体渗漏,直接威胁溶腔的密闭性,如图 5-1 所示,同时也使得溶腔易产生片帮,影响其稳定性。因此,夹层界面上各点由于应力状态的复杂性以及影响因素较多,夹层界面比纯盐岩围岩更容易产生损伤。

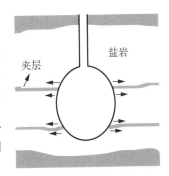

图 5-1　层状盐岩储库界面
流体渗漏示意图

本书所讨论的层状盐岩"界面"是指盐岩和夹层之间界面上、下具有一定厚度的岩层,其破坏包括沿界面"层间滑移"以及界面上、下的盐岩和夹层本身的"强度破坏"。科学合理地确定层状盐岩"界面"的强度理论,开展夹层界面的破损机理及其影响因素研究,对保证我国层状盐岩溶腔储库的建造和运营过程中的稳定性和密闭性具有重要的理论和工程实际意义。

5.2　常用盐岩强度准则

岩石强度理论主要研究的是岩石在不同应力状态下的破坏机理以及强度准则。强度准则简单地说就是岩石的破坏判据,它通常可表示为极限应力状态下主应力之间的函数关系,并且同时反映了岩石本身强度参数和岩石破坏时的应力状态之间的关系:

$$\sigma_1 = f(\sigma_2, \sigma_3) \tag{5-1}$$

也可表示为极限应力状态的正应力和切应力函数关系:

$$\tau = f(\sigma) \tag{5-2}$$

基于岩石本身的特性差异和所处的应力状态不同,不同的岩石其破坏机理也不同,目前提出了很多岩石强度准则,每种强度理论都只适用于一种或者几种岩石,一般的强度准则建立的途径有两种:①通过与试验结果拟合而建立;②通过理论推导而建立。检验强度准则是否正确的首要标准是必须符合试验结果,其次是理论依据必须完备、明确。盐岩作为一种软岩,其常用的强度准则包括 Mohr-Coulomb 准则、Drucker-Prager 准则、Hoek-

Brown 准则、修正的 Wiebols and Cook 准则等[75]。

1. Mohr-Coulomb 准则

Mohr-Coulomb 准则[76]认为岩石在受压时产生破坏(或达到屈服)的主要原因在于某一平面内的切应力达到了岩石的抗剪强度,同时也受到作用在破坏面上的正应力产生的摩擦力的影响,用正应力和切应力可以将其表示为

$$\tau = c + \sigma_n \tan \varphi \tag{5-3}$$

式中,c,φ分别为破坏面上的黏聚力和内摩擦角。

另外,Mohr-Coulomb 准则还可以用主应力表达为

$$\sigma_1 - \sigma_3 \frac{1 + \sin \varphi}{1 - \sin \varphi} - c \frac{2\cos \varphi}{1 - \sin \varphi} = 0 \tag{5-4}$$

若$\sigma_3 = 0$,可求得岩石的单轴压缩强度:

$$\sigma_c = c \frac{2\cos \varphi}{1 - \sin \varphi} \tag{5-5}$$

若$\sigma_1 = 0$,即可得岩石的拉伸强度:

$$\sigma_t = -c \frac{2\cos \varphi}{1 + \sin \varphi} \tag{5-6}$$

将 Mohr-Coulomb 准则的屈服面投影在 π 平面上,其迹线是一个不规则的六边形。从式(5-4)可以直接看出,虽然 Mohr-Coulomb 准则应用领域极其广泛,但其并没有考虑中间主应力 σ_2,因此,在某些情况下仍会引起较大的误差。

2. Drucker-Prager 准则[77]

Drucker-Prager 于 1952 年发现平均应力也会影响岩石强度,而将 Mises 准则做了进一步推广得到:

$$-\alpha I_1 + \sqrt{J_2} = k \tag{5-7}$$

式中 $\alpha = \dfrac{\sin \varphi}{\sqrt{3} \sqrt{3 + \sin^2 \varphi}}$；

$k = \dfrac{\sqrt{3} c \cos \varphi}{\sqrt{3 + \sin^2 \varphi}}$；

I_1——第一应力不变量；

J_2——第二应力偏量不变量。

在平面应变状态下,对比关联流动法则和 Mohr-Coulomb 准则可以推导出式(5-7)中的 α 和 k,随后又推导出了其他不同的 α 和 k 值,式(5-7)及其所有 α 和 k 的值统称为广义

的Mises准则(Drucker-Prager准则)。该准则的屈服面在π平面上的迹线是一个圆,而αI_1只影响圆的大小,因此,广义的Mises屈服面在π平面上实质是在Mohr-Coulomb屈服面上以某种方式外接了一个圆而已。与Mohr-Coulomb准则相比,Drucker-Prager准则的应用同样很广,其优点是只增加了中间主应力σ_2的影响,但同样没有包含洛德角的影响。

3. Hoek-Brown准则[78]

1985年,Hoek-Brown利用一系列各类岩石的试验结果,提出了一个经验性的岩石破坏条件:

$$\sigma_1 - \sigma_3 - \sqrt{m\sigma_c\sigma_3 + s\sigma_c^2} = 0 \tag{5-8}$$

式中 σ_c——岩石的单轴压缩强度;

s, m——岩石材料常数。

与Mohr-Coulom准则相比,Hoek-Brown准则同样没有包含中间主应力σ_2,但却增加了岩石所受的围压的影响,从而使得其在π平面的迹线变为一条曲线,实践证明,该准则的精度高于Mohr-Coulomb准则。

另外,为了考虑中间主应力的影响,Hoek-Brown准则被进一步推广为3-D Hoek and Brown准则[79],表达式如下:

$$\frac{9}{2\sigma_c}\tau_{oct}^2 + \frac{2}{2\sqrt{2}}m\tau_{oct} - m\sigma_{m,2} = s\sigma_c \tag{5-9}$$

式中 τ_{oct}——八面体切应力;

$\sigma_{m,2} = (\sigma_1 + \sigma_3)/2$。

4. 修正的Wiebols and Cook准则

1968年,Wiebols和Cook基于应变能理论提出了Wiebols and Cook准则[80],该准则认为除了体积应变能外,由于岩石内部裂隙的存在,在裂隙周围还会存储附加的应变能;1994年,Zhou等[81]对Wiebols and Cook准则进行了修正,表达式如下:

$$\sqrt{J_2} = A + BJ_1 + CJ_1^2 \tag{5-10}$$

式中,A,B,C均为与最小主应力和材料有关的常数。

除了上述强度准则外,还出现了基于岩石真三轴试验结果而拟合建立的强度条件,如Lade准则[82],这一类准则是基于试验结果建立的,一般误差很小。

近年来,国际上已经开始根据盐岩在压缩载荷作用下体积开始变大,来定义扩容损伤准则,并且已经有众多学者针对不同地区的盐岩定义了不同的扩容准则。1988年,Spiers[83]利用取自德国ASSE盐矿的盐芯进行常应变率试验的结果,建立了自己的盐岩扩容准则。1991年,Rattigan[84]采集了新墨西哥地区的盐岩样本,并进行了常温盐岩蠕变试验,标绘了84个蠕变试验的结果,建立了Rattigan扩容准则。1993年,Hunsche[85]利用对ASSE盐矿的14个立方体样本进行了真三轴试验,并利用体积应变的测量结果和声发射率建立了Hunsche扩容准则。其中,Rattigan和Hunsche准则没有考虑应力空间的非零截距,Spiers和Rattigan准则没有考虑应力空间中的非线性关系。然而在1989年,Schmidt和Staudtmeister[86]通过试验发现,盐岩在三轴拉伸时的破坏强度要比三轴压缩时低30%,这一点在原先的准则里均未得到体现。直至1997年,Hatzor和Heyman[87]考虑了层平面方位对扩容的影响,建立了新的扩容准则,但由于考虑的是材料的各向异性,无法在应力空间进行表述,不能与其他准则作对比。2005年,DeVries克服了上述准则的缺点,在Mohr-Coulom强度准则基础上,结合美国纽约地区盐岩样本的常应变率的试验结果,建立了适用于盐岩所有应力状态的扩容准则。Schmidt和Staudtmeister的试验表明:当温度从22℃升高至60℃时,盐岩强度将减小5%~10%。另外,Fuenkajorn等和Ma等利用单轴和三轴压缩试验针对循环载荷作用下盐岩的强度破坏进行了试验,结果表明:在循环载荷作用下,盐岩强度将有所降低,其最大降幅可达30%。

目前,所使用的强度准则大都是通过试验数据拟合建立的,缺乏理论基础。而DeVries准则虽然有Mohr-Coulom准则为理论基础,并有试验结果支撑。Mohr-Coulom准则与传统的屈瑞斯卡准则类似,都是依据理论建立的,其本质是一个单剪屈服准则,但由于其不包含中间主应力对岩石强度的影响,因此,在很多情况下,造成该准则与试验结果的误差很大。根据热力学定律,物质变形的本质是能量转换的过程,能量变化可以反映物质力学特性的变化,2010年,高红、郑颖人院士等[88, 89]利用剪切应变能理论,建立了适用于岩土材料的统一强度理论(线性三剪能量屈服准则),该准则克服了Mohr-Coulom准则的重大理论缺陷,因此,就目前而言,线性三剪能量屈服准则比其他准则理论上更全面、更明确。

5.3 非线性三剪能量屈服准则

5.3.1 线性三剪能量屈服准则概述

绝大多数岩石的主要破坏形式为剪切破坏,岩石体积改变对其剪切破坏形式的强度几乎没有影响,因此予以忽略;岩石材料的破坏主要由其剪切变形的大小所控制。

如图5-2(b)所示,对于岩石材料,通常会在切应力与法向正应力比值 (τ/σ) 最大的作用面上发生破坏。当 $\sigma_1 \geqslant \sigma_2 \geqslant \sigma_3$ 时,则有 $\varphi_{13} \geqslant \varphi_{12}$,$\varphi_{13} \geqslant \varphi_{23}$。设 $\varphi_{13} = \varphi$,$c_{13} = c$。在最大内摩擦角 φ_{13} 作用面上的剪切应变能可表示为

$$w_{13} = \frac{1}{2G}\left(\frac{\sigma_1 - \sigma_3}{2\cos\varphi_{13}} + \frac{\sigma_1 + \sigma_3}{2}\tan\varphi_{13}\right)^2$$

$$= \frac{1}{2G\cos^2\varphi_{13}}\left(\frac{I_1}{3}\sin\varphi_{13} + \sqrt{J_2}\cos\psi - \sqrt{\frac{J_2}{3}}\sin\psi\sin\varphi_{13}\right)^2 \qquad (5-11)$$

式中 J_2——第二应力偏量不变量；

$\quad\quad I_1$——第一应力不变量；

$\quad\quad \varphi$——最大内摩擦角；

$\quad\quad \psi$——洛德角；

$\quad\quad c$——内聚力。

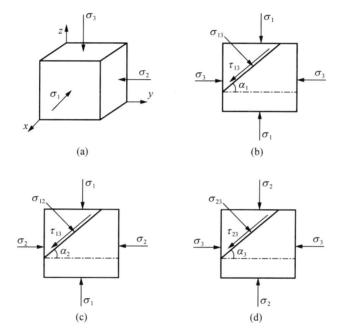

图 5-2 单元体剪切破坏示意图

若认为当 w_{13} 达到某一极限值时，即发生屈服，那么单剪能量屈服准则可表示为

$$w_{d13} = \frac{1}{2G\cos^2\varphi_{13}}\left(\frac{I_1}{3}\sin\varphi_{13} + \sqrt{J_2}\cos\psi - \sqrt{\frac{J_2}{3}}\sin\psi\sin\varphi_{13}\right)^2 = k \qquad (5-12)$$

其中，$k = \dfrac{c^2}{2G}$。

整理以后得

$$\sqrt{J_2}\left(\cos\psi - \frac{1}{\sqrt{3}}\sin\psi\sin\varphi\right) + \frac{I_1}{3}\sin\varphi = c\cos\varphi \qquad (5-13)$$

可以看出,式(5-13)即为用应力不变量及应力偏量不变量表示的 Mohr-Coulom 屈服准则,如前所述,式(5-13)仅仅考虑了一个剪切面上的破坏,只包含了最大、最小主应力的影响,没有考虑中间主应力。

若考虑三向应力状态,即存在三个破坏面,如图 5-2(b)—(d)所示。三个破坏面与主应力的夹角 α_1,α_2,α_3 分别为 $45°+\dfrac{\varphi_{12}}{2}$,$45°+\dfrac{\varphi_{23}}{2}$,$45°+\dfrac{\varphi_{31}}{2}$。根据 Mohr 圆几何关系,即可解出三个面的正应力和切应力,同时再考虑各个面上摩擦应力的影响,则三个面上的剪切应变能的极限值可写为

$$w_{12}=\frac{1}{2G}\left(\frac{\sigma_1-\sigma_2}{2\cos\varphi_{12}}+\frac{\sigma_1+\sigma_2}{2}\tan\varphi_{12}\right)^2$$

$$w_{23}=\frac{1}{2G}\left(\frac{\sigma_2-\sigma_3}{2\cos\varphi_{23}}+\frac{\sigma_2+\sigma_3}{2}\tan\varphi_{23}\right)^2$$

$$w_{13}=\frac{1}{2G}\left(\frac{\sigma_1-\sigma_3}{2\cos\varphi_{13}}+\frac{\sigma_1+\sigma_3}{2}\tan\varphi_{13}\right)^2 \tag{5-14}$$

式中,G 为剪切弹性模量。

三剪能量屈服准则认为:当三个最大摩擦角作用面的剪切应变能之和达到某个值时,岩石发生屈服。因此,可将其表示为

$$w_{df}=w_{12}+w_{23}+w_{13}=k \tag{5-15}$$

k 值可由常规三轴试验结果获取:

$$k=\frac{c^2}{G} \tag{5-16}$$

将式(5-14)、式(5-16)代入式(5-15),并用应力不变表示为

$$\sqrt{J_2}\left(\cos\psi-\frac{1}{\sqrt{3}}\sin\psi\sin\varphi\right)+\frac{I_1}{3}\sin\varphi$$

$$=2c\cos\varphi\sqrt{\frac{1-\sqrt{3}\tan\psi\sin\varphi}{3+3\tan^2\psi-4\sqrt{3}\tan\psi\sin\varphi}} \tag{5-17}$$

线性三剪能量屈服准则的具体表达式即为式(5-17)。可以看出,三剪能量屈服准则与 Mohr-Coulom 屈服准则有着相似的表达式,式(5-17)与式(5-13)的左边完全相同,只是式(5-17)右边比式(5-13)多了一个与洛德角 ψ 有关的常数项。

如图 5-3 所示,与 Mohr-Coulom 准则相比,在主应力空间中,三剪能量屈服面变成了

一个曲线形椎体面；并且可以看出，平均应力 σ_m 对岩石材料的屈服产生直接影响，屈服面在 π 平面上的迹线所包含的范围随 σ_m 不同而不同。

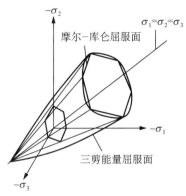

图 5-3 三剪能量屈服面示意图

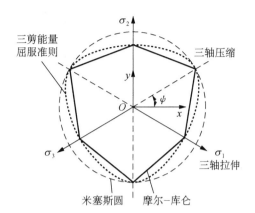

图 5-4 三剪能量屈服面在 π 平面的迹线示意图

图 5-4 给出了线性三剪能量屈服准则在任一 π 平面的迹线，可以看出：在 π 平面上，线性三剪能量屈服准则实质上是外接于 Mohr-Coulom 屈服准则的一个曲边三角形，因此，Mohr-Coulom 准则比其略保守；在 $\psi = -30°$ 或 $\psi = 30°$ 处，三剪能量屈服准则与 Mohr-Coulom 准则一致；且在 $\psi = 30°$ 处，岩石强度最高（三轴压缩状态），在 $\psi = -30°$ 处，岩石强度最小（三轴拉伸状态）。线性三剪能量屈服准则补充了屈服强度在 π 平面随洛德角 ψ 的非线性变化关系，这一点与大多数岩石的试验结果相符。

5.3.2　非线性的三剪能量屈服准则

式(5-17)给出的线性三剪能量屈服准则只反映了屈服强度在 π 平面随洛德角 ψ 的非线性变化关系，然而已有的试验结果表明[80]：盐岩的屈服强度在 $(I_1\sqrt{J_2})$ 空间内同样也表现出明显的非线性关系。为此将其改写为一般形式：

$$\sqrt{J_2} = \frac{D_1\left[\dfrac{I_1}{\mathrm{sgn}(I_1)\beta}\right]^N}{\sqrt{3}\cos\psi - D_5\sin\psi} + \frac{D_2\left(\dfrac{1 - D_3\tan\psi}{3 + 3\tan^2\psi - D_4\tan\psi}\right)^{\frac{1}{2}}}{\sqrt{3}\cos\psi - D_5\sin\psi} \tag{5-18}$$

式中　β——量纲常数；

　　　N——关系指数；

　　　D_1，D_2，D_3，D_4，D_5——材料常数。

表 5-1 给出了 DeVries 在 2005 年所进行的盐岩常规三轴压缩试验结果。为了验证式(5-18)的准确性，本书将式(5-18)与 DeVries 的试验结果进行拟合，拟合结果如图 5-5 所示。拟合参数如下：$\beta = 0.27$，$N = 0.7$，$D_1 = 0.303$，$D_2 = 3.9$，$D_3 = 0.908$，$D_4 = 3.63$，

表 5-1   常规三轴试验结果[80]

样本编号	σ_m /MPa	$\sigma_1-\sigma_3$ /MPa	破坏应力及角度		
			I_1 /MPa	$\sqrt{J_2}$ /MPa	ψ /(°)
原岩试件的三轴拉伸试验					
BAL1/151/4	5.2	7.5	15.6	4.33	−30
BAL1/152/5	7.1	8	21.3	4.62	−30
BAL1/124/4	10.6	9.5	31.8	5.48	−30
BAL1/152/3	14.2	12.5	42.6	7.22	−30
BAL1/124/1	17.7	14.5	53.1	8.37	−30
BAL1/152/1	21.2	15.5	63.6	8.95	−30
原岩试件的三轴压缩试验					
BAL1/151/5	6.80	12.00	20.40	6.93	30
BAL1/124/5	10.30	15.00	30.90	8.66	30
BAL1/124/3	17.20	20.00	51.60	11.55	30
BAL1/152/2	20.70	22.00	62.10	12.70	30

$D_5=0.524$。从拟合结果可以看出,非线性三剪能量屈服准则与试验结果拟合良好,同时反映了屈服强度在(I_1-$\sqrt{J_2}$)空间上的非零截矩和非线性变化,可以满足工程实际需要。与 DeVries 准则相比,拟合精度完全相同,这是由于 DeVries 准则本质上是补充了 Mohr-Coulom 屈服强度在(I_1-$\sqrt{J_2}$)空间上的非线性变化,而当洛德角 $\psi=30°$ 或 $\psi=-30°$ 时,线性三剪能量屈服准则与 Mohr-Coulom 屈服准则一致。

为了更好地比较纯盐岩和层状盐岩在破坏强度上的区别,同样利用本书 3.2.2 节的盐岩和自制的层状盐岩分别进行了三轴压缩

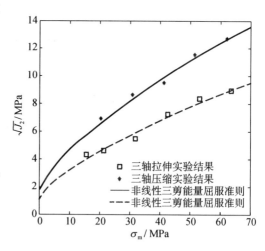

图 5-5 DeVries 纯盐岩试验结果与非线性三剪能量屈服准则拟合图

试验,试验结果如图 5-6 和图 5-7 所示,将非线性三剪能量屈服准则与试验结果进行拟合,拟合参数见表 5-2,可以看出:DeVries 准则与两种岩石拟合的结果非常良好,尤其在高围压条件下,其精度远远高于 Mohr-Coulom 准则。

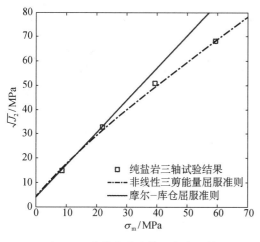

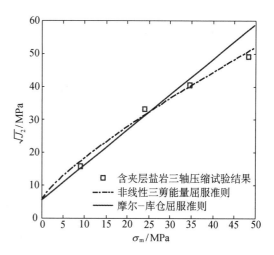

图 5-6 纯盐岩试验结果与非线性　　　图 5-7 含夹层盐岩试验结果与非线性
三剪能量屈服准则拟合图　　　　　　三剪能量屈服准则拟合图

表 5-2　　　　　纯盐岩和含夹层盐岩非线性三剪能量屈服准则拟合参数

岩石类型	拟合参数						
	β	N	D_1	D_2	D_3	D_4	D_5
纯盐岩	0.502	0.85	0.479	8.33	1.436	5.744	0.829
含夹层盐岩	0.339	0.79	0.408	12.247	1.225	4.899	0.707

5.3.3　非线性三剪能量屈服准则与盐岩真三轴试验结果对比验证

非线性三剪能量屈服准则包含了两方面的非线性：$(I_1-\sqrt{J_2})$ 空间的非线性；在 π 平面随洛德角 ψ 的非线性变化。常规三轴试验没有考虑洛德角的变化，只能检验 $(I_1-\sqrt{J_2})$ 空间的非线性。因此，为了进一步验证非线性三剪能量屈服准则在 π 平面随洛德角 ψ 的非线性变化，必须用真三轴试验结果进行验证。检验一个强度准则最重要的标准是该准则可以正确预测出岩石在地下真实受压条件下的强度。2013 年，Sriapai[75] 利用 Maha Sarakham 地区的盐岩进行了真三轴试验，试验结果如表 5-3 所示。

表 5-3　　　　　　　　　Maha 盐岩真三轴试验结果

样本编号	破坏应力			ψ /(°)	σ_m /MPa	$\sqrt{J_2}$ /MPa (试验值)	$\sqrt{J_2}$ /MPa (理论值)	误差 /MPa
	σ_3 /MPa	σ_2 /MPa	σ_1 /MPa					
56	0	0	23.0	30.00	7.67	13.28	15.41	2.13
7	0	10	36.2	14.49	15.40	15.67	18.73	3.06
55	0	25	43.1	−5.28	22.70	14.61	19.95	5.34

样本编号	破坏应力			ψ /(°)	σ_m /MPa	$\sqrt{J_2}$ /MPa (试验值)	$\sqrt{J_2}$ /MPa (理论值)	误差 /MPa
	σ_3 /MPa	σ_2 /MPa	σ_1 /MPa					
42	0	35.1	35.1	−30.00	23.4	14.33	19.05	4.72
20	1	1	26.5	30.00	28.5	14.72	17.48	2.76
22	1	7	43.2	22.45	51.2	21.04	22.31	1.27
23	1	14	56.1	16.96	71.1	24.88	25.79	0.91
54	1	25	60.4	6.32	86.4	22.67	25.94	3.27
61	3	3	45.1	30.00	51.1	24.31	25.59	1.28
53	3	7	55.0	26.04	65.0	27.76	27.45	0.31
52	3	10	61.0	23.65	74.0	29.58	28.98	0.60
5	3	14	66.0	20.59	83.0	30.36	29.98	0.38
27	5	5	58.6	30.00	68.6	30.95	31.61	0.66
28	5	14	71.2	22.8	90.2	33.23	32.53	0.70
29	5	21	79.2	18.18	105.2	34.23	33.98	0.25
47	5	30	87.4	12.79	122.4	34.68	35.39	0.71
1	7	7	66.3	30.00	80.3	34.24	35.46	1.22
13	7	14	78.1	24.88	99.1	37.12	35.71	1.41
19	7	24	92.4	19.16	123.4	40.09	38.59	1.50
25	7	40	106.4	10.98	153.4	40.63	40.95	0.32
平均								1.64

从表 5-3 中非线性三剪能量屈服准则的理论值和试验值的误差可以看出：当 $\sigma_3 = 0$ MPa 时，$\sqrt{J_2}$ 有最大误差，仅为 4.72 MPa；当 $\sigma_3 = 5$ MPa 时，$\sqrt{J_2}$ 有最小误差，为 0.25 MPa。图 5-8 给出了非线性三剪能量屈服准则和试验结果的拟合曲线，其中拟合参数为：$\beta = 0.515$，$N = 0.86$，$D_1 = 0.303$，$D_2 = 3.9$，$D_3 = 0.908$，$D_4 = 3.63$，$D_5 = 0.524$。可以看出，二者总体拟合良好，尤其是在 σ_3 较高时，试验值与理论值误差很小。拟合结果充分证明了非线性三剪能量屈服准则对于盐岩材料的适用性。

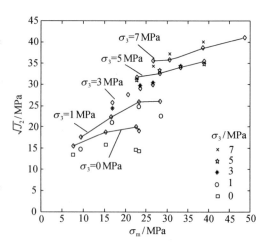

图 5-8　Maha 盐岩真三轴试验结果（点）与非线性三剪能量屈服准则（线）拟合图

5.3.4 非线性三剪能量屈服准则与盐岩其他常用准则对比

如前所述,目前有很多常用的岩石屈服准则,例如 Mohr-Coulomb 准则、Drucker-Prager 准则、Hoek-Brown 准则等,其适用的岩石类型各有不同。Sriapai 已经给出了 Hoek-Brown 准则、3-D Hoek-Brown 准则、Lade 准则、Mohr-Coulomb 准则、Mogi 准则、Wiebols-Cook 准则以及内接和外接 DP 准则的拟合结果。Sriapai 指出 Hoek-Brown 准则和 Mohr-Coulomb 准则均忽略了中间主应力的影响,因此不适用于真三轴条件下的盐岩强度;与试验结果相比,由 Hoek-Brown 准则改进而获得的 3-D Hoek-Brown 准则依然严重高估了盐岩强度;Lade 准则与 3-D Hoek-Brown 准则拟合结果类似,其误差依然较大;Mogi 准则预测的盐岩强度过低;DP 准则无论是内接还是外接,虽然考虑了中间主应力的影响,但都无法预测盐岩的强度,其引起的平均误差最大,达到 19.5 MPa;Wiebols-Cook 准则与试验结果拟合相对较好,但是其平均误差也达到 3.5 MPa。图 5-9—图 5-11 分别给出了 Mohr-Coulomb 准则、3-D Hoek-Brown 准则、改进的 Wiebols-Cook 准则与表 5-3 中真三轴试验结果的拟合图。

从图 5-8—图 5-11 对比可以看出,对于 Maha 盐岩真三轴试验结果(表 5-4),非线性三剪能量屈服准则的误差最小。

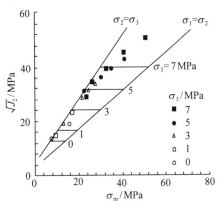

图 5-9　Maha 盐岩真三轴试验结果(点)与 Mohr-Coulomb 准则(线)拟合图[75]

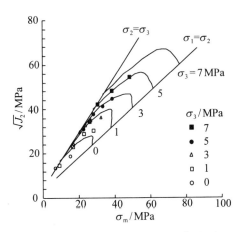

图 5-10　Maha 盐岩真三轴试验结果(点)与 3-D Hoek-Brown 准则(线)拟合图[75]

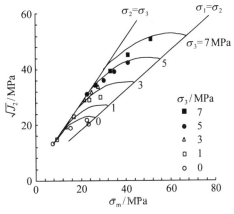

图 5-11　Maha 盐岩真三轴试验结果(点)与改进的 Wiebols and Cook 准则(线)拟合图[75]

表 5-4 不同强度准则拟合参数[75]

准则	拟合参数
Mohr-Coulomb	$\varphi = 30°$, $c = 5$ MPa
3-D Hoek-Brown	$m = 20.2$, $s = 1$
改进的 Wiebols and Cook	$\sigma_3 = 0$, $A = 2.031$ MPa, $B = 1.746$, $C = -0.036$ MPa^{-1} $\sigma_3 = 1$, $A = 1.698$ MPa, $B = 1.739$, $C = -0.030$ MPa^{-1} $\sigma_3 = 3$, $A = 1.281$ MPa, $B = 1.733$, $C = -0.022$ MPa^{-1} $\sigma_3 = 5$, $A = 1.027$ MPa, $B = 1.732$, $C = -0.017$ MPa^{-1} $\sigma_3 = 7$, $A = 0.085$ MPa, $B = 1.732$, $C = -0.014$ MPa^{-1}

5.4 水平型盐岩溶腔薄夹层界面稳定性

5.4.1 水平型溶腔围岩应力分布特征

盐岩矿床受地质变形和构造应力的影响,其局部应力状态通常都不是静水应力状态。在国外巨厚盐丘中,盐岩的纯度较高,且有着明显的黏弹性;盐岩经过长期的地质蠕变作用后,其应力分布变得近似均匀,这使得盐丘溶腔围岩有着近乎一致且相对较大的破碎压力。而层状盐岩矿床中的溶腔则与盐丘溶腔有很大不同,其中非盐夹层承受着与盐岩层不同的水平应力,故二者之间产生水平应力差。水平应力受重力载荷和侧压的双重影响,水平应力通常会随着深度的增加而变大,同时构造应力也会对其产生影响。除了重力载荷和构造应力外,在盐岩溶腔水溶建造以及运营过程中,溶腔内压大小以及循环模式同样会引起水平应力大小发生变化。若考虑影响因素较少,则可以通过理论分析方法进行研究,而对于复杂因素的影响,则必须采取数值计算来研究。

目前,双向对接连通已经成为水平盐岩溶腔建造的首选技术,导致盐岩溶腔结构通常为水平狭长的管状。图 5-12 给出了河南平顶山测量水平腔独立井分别为 D1-2,XL3-12 的井底测量纵向剖面图,可近似认为溶腔断面为圆形、椭圆形等形状。从理论上来讲,只能求解溶腔断面形状相对规则且简单的围岩应力,对于复杂形状断面只能通过数值方法求解。因此,可假设水平溶腔断面为椭圆形或圆形,且溶腔水平轴向尺寸远远大于断面尺寸。由弹性力学可知,该问题可简化为 YOZ 平面的平面应变问题,如图 5-13 所示;另外,假设溶腔深度远大于溶腔断面尺寸,因此该问题可进一步简化为半无限 YOZ 平面内的小孔应力集中问题[90, 91],如图 5-14 所示。

图 5-13 给出了椭圆形断面水平盐岩溶腔的力学模型。为了求解其围岩应力分布,首先对地应力进行求解。在不考虑局部构造影响的前提下,地下一点的垂直应力一般等于盖层的重量。但水平应力比较难估计,最佳的方式是通过水压致裂试验来获取。由于条

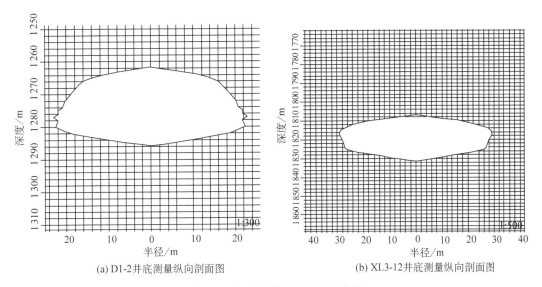

(a) D1-2井底测量纵向剖面图   (b) XL3-12井底测量纵向剖面图

图 5-12　水平型盐岩溶腔断面实例

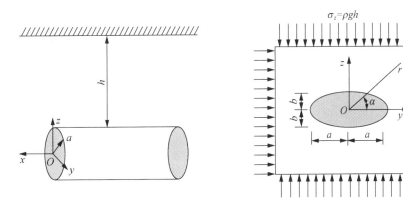

图 5-13　水平型盐岩溶腔力学模型图　　图 5-14　水平型盐岩溶腔平面应变问题简化图

件所限,本书通过简单的水平应力模型来讨论各层对水平应力的影响,即不考虑构造应力和横向应变的影响,这样通过泊松比,可以得到水平应力和垂直应力的关系如下:

$$
\left.
\begin{aligned}
\sigma_z &= \rho g h \\
\sigma_x = \sigma_y &= \frac{\mu}{1-\mu} \rho g h
\end{aligned}
\right\}
\tag{5-19}
$$

式中　μ ——盐岩的泊松比;

　　　ρ ——上覆地层平均密度;

　　　g ——重力加速度。

其次,计算溶腔围岩应力分布,若溶腔断面简化为圆形,则将式(5-19)直接代入弹性理论的 kirsch 解[92],即可求得溶腔围岩应力:

$$\sigma_r = \frac{1}{2}\rho gh\left[(1+\lambda)\left(1-\frac{R^2}{r^2}\right)-(1-\lambda)\left(1-4\frac{R^2}{r^2}+\frac{3R^4}{r^4}\right)\cos 2\alpha\right]+\frac{R^2}{r^2}p$$

$$\sigma_\alpha = \frac{1}{2}\rho gh\left[(1+\lambda)\left(1+\frac{R^2}{r^2}\right)+(1-\lambda)\left(1+\frac{3R^4}{r^4}\right)\cos 2\alpha\right]-\frac{R^2}{r^2}p \qquad (5\text{-}20)$$

$$\sigma_{r\alpha} = \frac{1}{2}\rho gh\left[(1-\lambda)\left(1+2\frac{R^2}{r^2}-\frac{3R^4}{r^4}\right)\sin 2\alpha\right]$$

式中，R 为溶腔半径。

再次，椭圆形断面溶腔围岩应力问题相对比较复杂，需引入复应力函数，利用保角映射的方法进行求解。在平面弹性问题中，应力分量可由复变函数表示为

$$\sigma_\alpha + \sigma_r = 4Re\varphi_1'(z)$$

$$\sigma_\alpha - \sigma_r + 2i\sigma_{r\alpha} = 2[\overline{z}\varphi_1''(z)+\psi_1'(z)]e^{2i\theta} \qquad (5\text{-}21)$$

式中，$\varphi_1(z)$，$\psi_1(z)$ 为引入的复应力函数。

利用保角变换 $z=\omega(\xi)$，可以将 z 平面的椭圆映射为 ξ 平面中心单位圆形，其映射函数 $z=\omega(\xi)$ 的表达式为

$$z=\omega(\xi)=C\left(m\xi+\frac{1}{\xi}\right) \qquad (5\text{-}22)$$

式中，$C=\dfrac{a+b}{2}$，$m=\dfrac{a-b}{a+b}$。

将 $\varphi_1(z)$，$\psi_1(z)$ 同时映射为 $\varphi_1(\xi)$，$\psi_1(\xi)$。在 ξ 平面上将 $\varphi_1(\xi)$，$\psi_1(\xi)$ 解出，从而得到 $\varphi_1(z)$，$\psi_1(z)$，再由式(5-21)解出 σ_r，σ_α，$\tau_{r\alpha}$ [93,94]，经推导可得到用曲线坐标(ρ, θ) 表示的椭圆形溶腔附近各应力分量解析计算式，由于表达式过于冗长，在此不再给出。

从溶腔围岩应力表达式可知，无论是圆形断面溶腔还是椭圆形断面溶腔，溶腔围岩应力分布均与盐岩本身的力学特性无关。溶腔围岩应力除受溶腔内压和深度影响以外，还与距溶腔中心的距离 r 以及溶腔断面轴比有关。

5.4.2　水平溶腔顶部薄夹层滑移失稳条件

地质资料表明，夹层的厚度从几厘米到几米不等。本书所讨论的所谓薄夹层是指夹层的厚度与顶盐厚度相比很小，几乎可以忽略不计，其厚度对夹层破坏及应力分布的影响很小。因此在研究夹层破坏时，把所谓的薄夹层看成了可能发生破坏的弱面，因此，其破坏形式主要以沿界面走向的滑移破坏为主。与垂直型溶腔相比，水平型溶腔的最大特点就是在建腔阶段，尽可能地避开厚夹层，从水平方向去扩大溶腔容积，因此厚夹层一般分布在溶腔的上部和下部。薄夹层则可能出现在溶腔顶部或者与溶腔界面相交，本节主要讨论的是溶腔顶部的薄夹层问题。

为了确定夹层所在界面是否滑移失稳,必须对该界面的应力大小及分布进行求解,应力分析模型如图 5-15(a)所示。为了分析夹层界面上的应力,取单元体如图 5-15(b)所示。

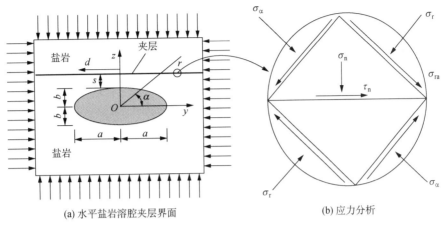

(a) 水平盐岩溶腔夹层界面   (b) 应力分析

图 5-15 水平盐岩溶腔夹层界面及应力分析示意图

由本书 5.4.1 节可知,水平型溶腔可简化为平面应变模型,界面只发生沿单一界面走向的滑移,属于单剪破坏问题,因此可使用三剪能力屈服准则的单剪形式,即 Mohr-Coulom 准则进行限制,因此在夹层界面保持稳定的条件可写为

$$|\tau_n| \leqslant \sigma_n \tan\varphi + c \tag{5-23}$$

式中,c,φ 分别为薄夹层界面上的黏聚力和内摩擦角。

由于椭圆形断面溶腔围岩应力表达式太过冗长,下面仅以圆形断面溶腔为例进行分析。利用式(5-20)即可求得图 5-15(b)单元体的应力分量 σ_α,σ_r,$\tau_{r\alpha}$,而后利用弹性理论平面应力分析方法即可求得界面应力 σ_n 和 τ_n,并将其代入式(5-23)即可得出夹层界面保持稳定的条件表达式。

由于溶腔埋深较大,可假设溶腔处于静水压力状态,即侧压系数 $\lambda = 1$,由平面弹性理论可知,图 5-15(b)所示单元体中,σ_α,σ_r,$\tau_{r\alpha}$ 与 σ_n,τ_n 的关系为

$$\sigma_n = \frac{\sigma_r + \sigma_\alpha}{2} + \frac{\sigma_r - \sigma_\alpha}{2}\cos 2\beta - \tau_{r\alpha}\sin 2\beta$$
$$\tag{5-24}$$
$$\tau_n = \frac{\sigma_r - \sigma_\alpha}{2}\sin 2\beta + \tau_{r\alpha}\cos 2\beta$$

其中,$\beta = \dfrac{\pi}{2} - \alpha$。

将式(5-20)代入式(5-24),即可解出夹层界面的应力 σ_n,τ_n 分别为

$$\sigma_n = \rho g h \left[1 - \frac{R^2}{r^2}\cos(2\beta)\right] + p\frac{R^2}{r^2}\cos(2\beta)$$
$$\tag{5-25}$$
$$|\tau_n| = (\rho g h - p)\frac{R^2}{r^2}\sin(2\beta)$$

将式(5-25)代入式(5-23)可得

$$p \geqslant \frac{\rho g h \left[\frac{R^2}{r^2}\sin(2\beta) + \frac{R^2}{r^2}\cos(2\beta)\tan\varphi - \tan\varphi\right] - c}{\frac{R^2}{r^2}\left[\sin(2\beta) + \cos(2\beta)\tan\varphi\right]} \tag{5-26}$$

式(5-26)即为水平薄夹层界面保持稳定的条件表达式,其中包含了溶腔内压、溶腔深度、溶腔半径、内摩擦角、黏聚力以及夹层至溶腔顶部距离等众多影响因素。因此,利用式(5-26)即可对上述影响因素提出限制条件。

若考虑夹层走向,即倾斜薄夹层的情况,则只需在式(5-26)基础上增加夹层倾角即可,式(5-26)变为

$$p \geqslant \frac{\rho g h \left\{\frac{R^2}{r^2}\sin[2(\beta-\theta)] + \frac{R^2}{r^2}\cos[2(\beta-\theta)]\tan\varphi - \tan\varphi\right\} - c}{\frac{R^2}{r^2}\left\{\sin[2(\beta-\theta)] + \cos[2(\beta-\theta)]\tan\varphi\right\}} \tag{5-27}$$

其中,θ 为夹层与 y 轴正方向的夹角。

若夹层界面不存在剪胀,并且其抗拉强度为零,则可将黏聚力 c 忽略不计,因此,由式(5-26)得出的夹层界面保持稳定的条件表达式可另写为

$$p \geqslant \frac{\rho g h \left[\frac{R^2}{r^2}\sin 2\beta + \frac{R^2}{r^2}\cos(2\beta)\tan\varphi - \tan\varphi\right]}{\frac{R^2}{r^2}\left[\sin(2\beta) + \cos(2\beta)\tan\varphi\right]} \tag{5-28}$$

以我国河南某地盐矿地质条件为例,盐岩层总厚度介于 $300\sim470$ m,深度达 $1\,000\sim1\,500$ m,取其地层平均密度 $\rho=2\,500$ kg/m³。假设水平溶腔力学模型如图 5-15 所示,溶腔断面为圆形,水平断面中心深度 h 为 $1\,000$ m,溶腔半径 R 为 30 m,溶腔内压为 0 MPa,夹层位置 S 为 10 m,夹层倾角为 0°。由式(5-28)可很容易地计算出夹层界面上各点保持稳定而所需的最小内摩擦角,即极限最小内摩擦角,如图 5-16 所示,当界面的实际内摩擦角大于极限最小内摩擦角,则界面保持稳定,反之,界面发生滑移失稳。

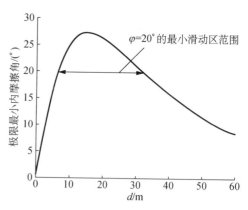

图 5-16　$S=10$ m 时夹层界面内的
极限最小内摩擦角

从图 5-16 可以看出,沿夹层界面方向,各点处的极限最小内摩擦角首先急剧升高,当到达 $d=15.14$ m 处时,极限最小内摩擦角达到其峰值 27.32°,而后逐渐降低,并趋于零。这表明,夹层界面距溶腔越远,受到溶腔开挖区域应力集中的影响越小;根据极限内摩擦角的定义,其峰值处最易发生滑移失稳。由此可知,若夹层界面整体的内摩擦角值均大于 27.32°,则夹层界面将保持稳定,界面原有弹性应力可以维持。若夹层界面整体的内摩擦角值低于 27.32°,则界面发生失稳。以界面内摩擦角 20°为例,图中给出了可能发生滑移失稳的最小范围。在夹层界面上,该区域关于溶腔垂直中心轴的对称位置显然同样发生了滑移失稳,两个区域的滑移失稳势必导致盐岩层产生朝溶腔内部的位移,从而造成夹层界面的区域应力集中。

5.4.3 水平溶腔顶部薄夹层滑移失稳影响因素分析

下面针对式(5-28)所包含的夹层滑移失稳的主要影响因素进行讨论,按图 5-16 的分析方法,同样可以计算出各个影响因素变化时夹层界面的极限最小内摩擦角,对比分析方案如表 5-5 所示。

表 5-5　　　　　　　　水平溶腔顶部薄夹层滑移失稳影响因素分析方案

方案编号	溶腔埋深 h/m	溶腔半径 R/m	溶腔内压/MPa	夹层位置 S/m	夹层倾角/(°)
初始方案 1	1 000	30	0	10	0
2	1 000	30	0	1	0
3	1 000	30	0	2	0
4	1 000	30	0	3	0
5	1 000	30	0	4	0
6	1 000	30	0	5	0
7	1 000	30	0	20	0
8	1 000	30	0	30	0
9	1 000	30	0	40	0
10	1 000	20	0	10	0
11	1 000	40	0	10	0
12	1 000	50	0	10	0
13	1 000	60	0	10	0
14	1 000	40	0	10	0
15	1 100	40	6	10	0
16	1 200	40	6	10	0
17	1 300	40	6	10	0

方案编号	溶腔埋深 h/m	溶腔半径 R/m	溶腔内压/MPa	夹层位置 S/m	夹层倾角/(°)
18	1 400	40	6	10	0
19	1 500	40	6	10	0
20	1 000	30	0	10	5
21	1 000	30	0	10	10
22	1 000	30	0	10	15

　　方案 1～9 对比计算了夹层位置 S 从 1 m 增加至 40 m 时,沿夹层层理各点的极限最小内摩擦角曲线,如图 5-17 所示。当 $S<20$ m 时,极限最小内摩擦角受 S 影响很大,其峰值随着 S 的增大而急剧减小,夹层界面滑移风险大幅降低;当 $S>20$ m 时,极限最小内摩擦角峰值减小且趋势变缓,且当 S 增加至 40 m 后,曲线已经相当平缓,S 对夹层界面滑移失稳的影响已经很小。

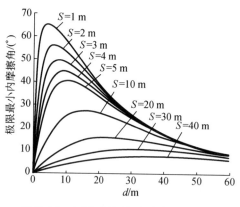

图 5-17　不同 S 情况下,夹层界面极限
最小内摩擦角曲线

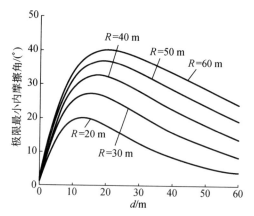

图 5-18　不同溶腔半径情况下夹层界面内的
极限最小内摩擦角曲线

　　方案 10～13 以及初始方案 1 给出了溶腔半径 R 介于 20～60 m 变化时,夹层界面各点的极限内摩擦角曲线,如图 5-18 所示。可以看出:极限最小内摩擦角受溶腔半径的影响也很大,其峰值随着溶腔半径 R 的增大也会大幅提高,即溶腔半径越大,夹层界面滑移风险越高;当 R 从 20 m 提高至 60 m 时,曲线峰值提高了 1.2 倍,同时峰值点沿夹层界面略微向外移动,这意味着滑移的范围也会同时扩大。

　　另外,方案 10～13 还给出了溶腔深度 h 介于 1 000～1 500 m 变化时,夹层界面各点的极限内摩擦角曲线,如图 5-19 所示。极限最小内摩擦角受溶腔深度的影响相对较小,首先其峰值点没有出现明显的偏移;其次,溶腔深度的增加并没有使得其峰值出现大的提高,当 h 从 1 000 m 增加至 1 500 m 时,极限最小内摩擦角的峰值仅从 22° 增加至 25.3°,且增加趋势变缓,继续增加溶腔深度对夹层界面的滑移失稳的风险影响不大。

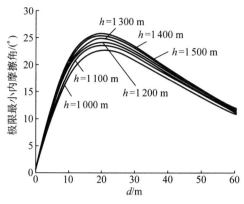
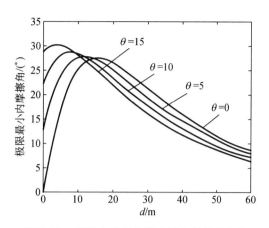

图 5-19 不同溶腔埋深情况下夹层界面内的　　图 5-20 不同夹层倾角情况下夹层界面内的
　　　　　极限最小内摩擦角　　　　　　　　　　　　　极限最小内摩擦角曲线

　　根据地质资料可知,盐岩中的夹层不一定完全保持水平,很多情况下都会有一个倾角,即与水平方向的夹角,例如江苏金坛盐岩矿床产状平缓,倾角介于 5°~10°。显然夹层倾角不同,其界面应力分布也会不同,同时夹层界面滑移失稳的位置及范围也有很大改变,夹层倾角也是影响夹层界面破坏的不可忽略的因素之一。前面讨论的全部是水平走向夹层,下面分析夹层倾角对夹层破坏的影响。

　　方案 20~22 以及初始方案 1 给出了夹层倾角在 0°~15° 变化时,夹层界面各点的极限内摩擦角曲线,如图 5-20 所示。值得关注的是,当夹层倾角 $\theta = 0°$ 时,由于计算模型的对称性,夹层界面 $d = 0$ 处极限最小内摩擦角为 0°,即不可能产生滑移;当 θ 从 0° 增加至 15° 时,$d = 0$ 处极限最小内摩擦角急剧升高,并且曲线峰值点也迅速逼近该点($d = 0$)。由此可知,夹层倾角越大,滑移失稳风险越大,且滑移范围趋近于溶腔正上方。

5.4.4　水平溶腔内薄夹层界面滑移失稳影响因素分析

　　当薄夹层与溶腔断面相交时,显然夹层界面的应力分布和破坏范围与本书 5.4.3 节顶盐中的夹层有很大不同。从溶腔周边应力分布来看,应力集中在溶腔围岩处最严重,离溶腔越远,应力集中的影响越小。由于夹层与溶腔断面相交,溶腔围岩上的应力集中将直接作用于夹层界面,夹层的失稳也将发生在围岩处,由此带来的失稳风险相比溶腔顶部夹层会大大增加。为此,有必要对溶腔内薄夹层的失稳进行分析,其力学模型与图 5-15 类似,如图 5-21 所示。

　　腔内薄夹层的分析方法与溶腔顶部薄夹层完全相同,仍然可以在围岩处取单元体进行应力分析,如图 5-21(b) 所示,将单元体应力分析结果代入 Mohr-Coulom 准则,即得夹层界面保持稳定的限制条件,由于其表达式过于冗长,在此不再写出。

　　若夹层界面不存在剪胀,且抗拉强度为零,则黏聚力忽略不计。如前所述,可以通过

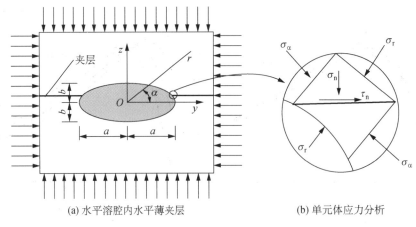

(a) 水平溶腔内水平薄夹层　　　　　(b) 单元体应力分析

图 5-21　水平溶腔内水平薄夹层及单元体应力分析示意图

极限最小内摩擦角来给出滑移的范围,根据摩尔-库仑准则,用失稳系数可更直观地给出滑移失稳的判定条件,失稳系数 n 定义为

$$n = \frac{\tau_n}{\sigma_n \cdot \tan \varphi} \tag{5-29}$$

式中,$n<1$,即表示夹层安全,反之,则表示发生破坏。

　　仍然以图 5-16 的地质条件为例,假设溶腔水平轴 $a=40$ m,垂直轴 $b=30$ m,侧压系数 $\lambda=1$,内压为 6 MPa,夹层界面的内摩擦角为 30°,则可很容易计算出图 5-21 中围岩中夹层破坏区所在的极角范围,若夹层出现在此范围内,将发生滑移失稳,如图 5-22 所示。可以看出,夹层的位置(极角 α)不同,失稳系数不同,即夹层发生破坏的可能性不同。在 $0°<\alpha<35°$ 范围内,$n<1$,即夹层安全,随着 α 的增加,失稳系数开始近似线性增加,夹层的安全性开始降低;在 $36°<\alpha<82°$ 范围内,$n>1$,即夹层开始出现破坏,随着 α 的增加,失稳系数首先逐步增加而后快速降低,在 $\alpha=67°$ 时出现极值,此时 $n=1.784\,3$,即夹层在此位置最危险,最易发生失稳;在 $83°<\alpha<90°$ 范围内,失稳系数 n 重新降低至 1 以下,夹层恢复安全。由此可见,夹层与水平溶腔的相对位置,直接关系着夹层发生失稳的危险程度。在图 5-22 的基础上,图 5-23—图 5-27 分别给出了溶腔内压、溶腔断面形状、夹层界面内摩擦角、溶腔埋深以及溶腔侧压系数等因素对失稳系数的影响规律。

　　图 5-23 给出了溶腔内压在 6~12 MPa 变化时,失稳系数沿溶腔围岩的变化情况。

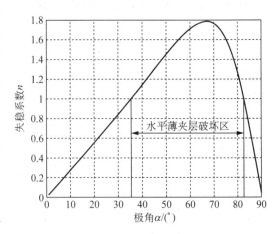

图 5-22　水平溶腔内水平薄夹层破坏范围示意图

可以看出,随着内压的增加,失稳系数整体逐步降低,当内压增加至 12 MPa 时,失稳系数已全部降至 1 以下,内压越大,夹层的安全性越好;与此同时,夹层最易发生失稳的位置也同时逐步下移,趋于溶腔中部。从破坏机理上而言,内压增加,溶腔内压与地应力将逐步趋于平衡,从而降低了在围岩处产生较大切应力的危险,提高了夹层的安全性。但内压不能无限增加,溶腔的稳定性还需考虑围岩的拉伸破碎,在围岩上不能出现拉应力。

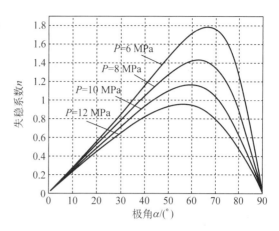

图 5-23　不同溶腔内压情况下失稳系数示意图

　　取溶腔水平轴 $a = 40$ m 保持不变,垂直轴 b 在 $10 \sim 70$ m 变化,分别对应于椭圆断面溶腔的垂直轴与水平轴之比为 $1/4,1/2,3/4,1/1,5/4,3/2,7/4$,计算结果如图 5-24 所示。从图 5-24 可以看出,随着轴比的增大,夹层的失稳系数明显同时增加,且破坏区的范围也逐步增大,失稳系数的极值位置也逐步向溶腔上部移动。从几何形状来看,轴比的增加意味着断面形状从扁平椭圆向垂直椭圆过渡,溶腔断面为扁平椭圆时的失稳系数相对较低,夹层也较安全,从这个意义上来讲,扁平椭圆断面对于水平薄夹层更合理。

　　取夹层界面内摩擦角介于 $10° \sim 45°$ 变化,结果如图 5-25 所示。可以看出,夹层失稳受夹层界面内摩擦角的影响非常巨大,夹层的失稳系数随着夹层界面内摩擦角 φ 值的增大而显著减小。当 $\varphi = 45°$ 时,在 $0° < \alpha < 90°$ 范围内,失稳系数几乎全部降至 1 以下,夹层保持安全。夹层最易失稳位置(失稳系数极值处)随内摩擦角几乎没有变化,基本保持在 $\alpha = 67°$。从破坏机理上也是合理的,内摩擦角的提高只会增加夹层的安全性,而不会导致其最危险位置发生变化。

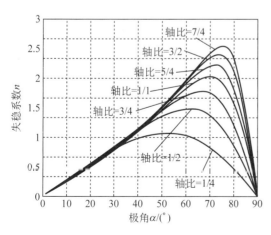

图 5-24　不同轴比情况下失稳系数示意图

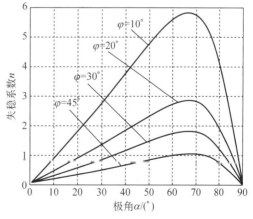

图 5-25　不同内摩擦角情况下失稳系数示意图

取溶腔埋深从 $1\,000 \sim 1\,300$ m 变化,计算结果如图 5-26 所示。可以看出,随着溶腔深度的增加,地应力也会增加,这样就加大了地应力与内压之差,增加了在围岩上产生切应力的风险,夹层的失稳系数大大增加。但埋深的增加对失稳系数极值位置的影响不大,失稳系数极值位置只是随着埋深的增加,略有上移。

试验数据表明:盐岩是一种软岩,具有较大的变形能力,其泊松比 μ 最高可达 0.5。侧压系数与泊松比的关系已由式 $\lambda = \mu/(1-\mu)$ 给出。

由此可知,因盐岩泊松比的不同,侧压系数也会发生变化,从而导致溶腔围岩应力发生改变,对夹层失稳产生影响。因此,有必要讨论侧压系数对夹层失稳的影响。

取侧压系数在 $0.6 \sim 1$ 范围内变化,计算结果如图 5-27 所示。可以看出,随着侧压系数的减小,失稳系数也逐步降低,有效地缓解了夹层失稳的风险。侧压系数的变化对夹层破坏区的下限位置几乎没有什么影响,但却有效降低了上限位置,从而缩小了夹层破坏区的范围。从机理分析,侧压系数的降低,即降低了盐岩层在水平方向的约束,从而减小了溶腔围岩处水平切应力,使得夹层发生滑移失稳的风险大大降低。

如图 5-28 所示,与溶腔断面相交的薄夹层不一定保持水平,在实际情况中,夹层走向可能会与水平方向(y 轴)有一定的夹角 θ。 显然,夹层的破坏不仅与其所在位置(α)有关,并且还与其倾角 θ 有关。考虑倾角 θ 在 $0° \sim 90°$ 变化时夹层的破坏情况,计算结果如图 5-29 所示。

从图 5-29 中可以看出,随着倾斜角 θ 的线性变化,失稳系数 n 也近似保持线性变

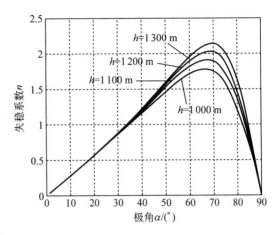

图 5-26　不同溶腔埋深情况下失稳系数示意图

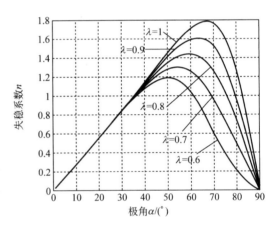

图 5-27　不同侧压系数情况下失稳系数示意图

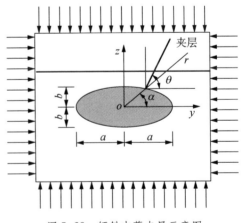

图 5-28　倾斜内薄夹层示意图

化。随着倾斜角 θ 从 0°开始增加,失稳系数同时降低,直至 $\theta=30$° 处,失稳系数降至 0,而后随着倾斜角 θ 继续增加,失稳系数开始逐步增大,当 $\theta=65$° 时,失稳系数 n 开始大于 1,夹层开始出现破坏。进一步分析,可以看出,倾斜夹层的破坏不仅与 θ 有关,还与其所在位置 (α) 有着直接关系。当 $\theta=\alpha$ 时,即夹层倾角 θ 与 α 一致时,失稳系数最低,夹层不会发生破坏。随着夹层倾角 θ 与 α 方位的夹角的增加,失稳系数逐步增加,夹层失稳的风险增加。

图 5-30 给出了不同 α 条件下失稳系数的变化情况。可以看出,夹层能否保持稳定不能由 α 或 θ 单独确定。在倾斜夹层情况下,必须综合考虑 α 和 θ,从而确定夹层的失稳系数。

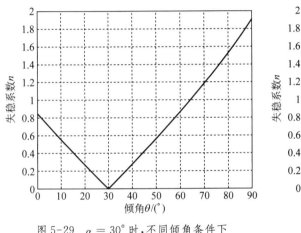

图 5-29　$\alpha=30$° 时,不同倾角条件下失稳系数示意图

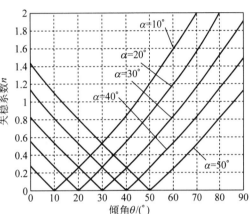

图 5-30　不同倾角条件下失稳系数示意图

5.5　水平型盐岩溶腔顶部厚夹层界面稳定性

5.5.1　水平溶腔顶部厚夹层界面失稳条件

在本书 5.4 节讨论的软弱薄夹层破坏问题中,由于夹层厚度很薄,夹层可近似看为一弱面,破坏的方式为滑移失稳,其中忽略了夹层厚度以及夹层本身材料力学特性的影响。如本书 5.1 节所述,在盐岩溶腔顶板中通常还存在较厚夹层,夹层厚度的影响无法忽略,这将直接导致问题更为复杂。夹层与盐岩交界面可能的破坏方式除了沿界面的滑移失稳,还可能发生界面处夹层与盐岩本身的强度破坏。

界面应力的求解仍然是建立界面失稳条件的关键。与上节的分析方法相同,首先建立顶部厚夹层与盐岩层交界层面的力学模型,如图 5-31 所示,其夹层界面单元体应力分析如图 5-31(b)所示。由于图 5-31(b)所取单元体为各向异性,此时界面应力 σ_n,τ_n 的求解与上节相比变得极其复杂,界面上、下分别为盐岩与夹层,单元体上部的应力 σ_θ,σ_r 与下部的应力 σ_θ,σ_r 不再相等,该问题属于数学弹性力学中的第一类基本问题,不能单纯将其简化为平面小孔应力集中。早在 20 世纪 30 年代,穆斯海里什维里[95]、路见可[96]等就进行了深入的研究,由于数学上的求解困难,截至目前,该问题仍未得到有效解决。目前只能通过复变函数理论获得一些较简单问题(单个夹层)的结果[97],无法直接应用到工程实际计算中。关于夹层厚度、夹层数量、夹层位置等一些关键因素对夹层界面失稳的影响,只能通过数值方法进行计算。

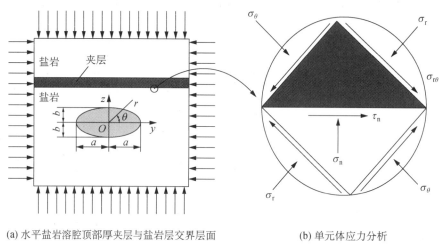

(a) 水平盐岩溶腔顶部厚夹层与盐岩层交界层面   (b) 单元体应力分析

图 5-31   水平盐岩溶腔顶部厚夹层与盐岩层交界层面及应力分析示意图

在界面应力分析结果的基础上,对于夹层与盐岩交界面沿界面的滑移失稳主要取决于界面上的正应力 σ_n 和切应力 τ_n,属于单剪的情况,因此其滑移失稳条件仍然可采用 Mohr-Coulom 准则;而对于界面处夹层和盐岩本身发生的强度破坏,非线性三剪能量屈服准则比 Mohr-Coulom 准则理论更加全面、准确,所得极限应力更加符合盐岩以及夹层材料的实际情况,因此在本节后续计算中,采用非线性三剪能量屈服准则作为破坏判据。

5.5.2   水平溶腔顶部厚夹层界面破坏数值计算

5.5.2.1   计算模型

与本书 5.4 节薄夹层的滑移失稳相比,厚夹层界面滑移失稳的分析方法和失稳条件完全相同,因此不再重复,后续计算只给出界面处夹层和盐岩发生强度破坏时,各个关键因素(如夹层厚度、数量、位置等)的影响规律。

数值计算通常认为,模型边界可取 5 倍以上孔径,在该范围以外将不受开挖的影响。如图 5-32 所示,取某盐矿地质条件为例,设定计算区域为立方体,模型整体高度为 1 000 m,底部尺寸为 500 m×500 m,模型上表面距离地表−500 m;盐岩层厚度为 90 m,

距地表－945～－1 035 m;盖层厚度为 445 m,盐岩下底层厚度为 465 m;位于盐岩层中的水平溶腔断面设为由两个半椭圆组成,如图 5-33 所示,溶腔断面高为 50 m,最宽处为 50 m,顶盐和底盐厚度均为 20 m,且在溶腔上方 10 m 处,假定存在一水平走向的硬石膏夹层,其厚度为 1 m。

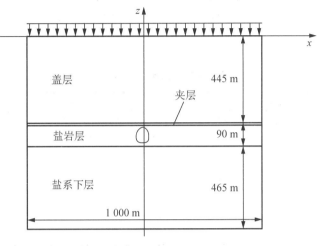

图 5-32　计算模型示意图

模型的坐标原点选在溶腔中心对应的模型上表面与模型上表面交界处,模型下底面固定,即 $x=0$, $y=0$, $z=0$;左、右侧面侧向零位移约束,即 $x=0$;前、后面施加前后零位移约束,即 $y=0$;模型上表面施加上覆岩层的重量,根据相关地质资料[98],取上覆岩层平均密度为 2 500 kg/m³,则在模型上表面施加的等效载荷为 12.5 MPa,地应力场采用三向等压自重应力场。采用 FLAC3D 软件建立其三维计算模型,溶腔及夹层周边模型,如图 5-34 所示。

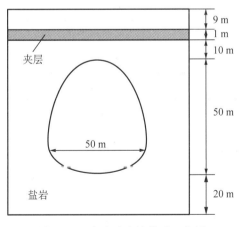

图 5-33　溶腔及夹层模型示意图

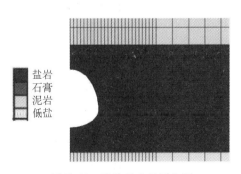

图 5-34　溶腔及夹层网格图

5.5.2.2 计算参数的选取

盖层、夹层及盐下层系均选取 FLAC3D 通用的 Mohr-Coulomb 材料模型,其计算参数如表 5-6 所示。本次计算中,采用国际惯用的改进的 WIPP 模型作为盐岩层的蠕变模型,改进的 WIPP 模型实际上是 WIPP 蠕变模型与 DP 准则的结合,能较好地反映盐岩在工程实际中的蠕变变形。参考文献[99],改进的 WIPP 模型的盐岩计算参数如表 5-7 所示。

表 5-6 各岩层材料力学特性参数[98]

岩层	体积弹性模量/GPa	剪切弹性模量/GPa	密度/(kg·m⁻³)	拉伸强度/MPa	黏聚力/MPa	内摩擦角/(°)
盖层	13.3	8	2 000	4	15	35
硬石膏夹层	100.5	22.69	3 000	7	40	35
盐岩层	26	10	2 100	1	—	—
盐系下层	24.1	21.6	2 700	2	2	35

表 5-7 盐岩蠕变特性计算参数[100]

参数	试验结果
A	15.625
B	210.013
D	0.286(MPa·n)/d
激活能 Q	12 000 cal/mol
稳态蠕变率	0.004 3/d
气体常数 R	1.987(cal/mol)·K
模型指数 n	4.9
体积弹性模量	26 078 MPa
剪切模量	10 000 MPa
温度	31℃
材料常数 kphi	1.9
材料常数 kkappa	0.1
材料常数 qphi	0.2
拉伸强度	0.4 MPa

5.5.2.3 计算结果分析

本节采用式(5-18)作为破坏准则进行强度分析。根据文献[101,102]的试验结果，对式(5-18)进行拟合，所得的拟合参数如表5-8所示。为了直观地判断材料是否发生破坏，定义安全系数 SF 为

$$SF = \frac{(\sqrt{J_2})'}{(\sqrt{J_2})''} \tag{5-30}$$

式中 J_2——第二应力偏量不变量；

$(\sqrt{J_2})'$——非线性三剪能量屈服准则计算值；

$(\sqrt{J_2})''$——数值计算值。

由此，当 $SF > 1$ 时，材料安全；当 $SF < 1$ 时，材料破坏。

表5-8 　　　　　　　　　盐岩和石膏非线性三剪能量屈服准则拟合参数

岩石类型	拟合参数						
	β	N	D_1	D_2	D_3	D_4	D_5
盐岩	0.27	0.70	0.303	3.900	0.908	3.630	0.524
石膏	0.28	0.87	0.339	29.960	1.017	4.068	0.587

如图5-35所示，取夹层和盐岩界面上、下两层单元进行分析。利用FLAC3D自带的FISH语言进行编程，分别计算两层单元的 $(\sqrt{J_2})''$，并代入式(5-12)进行计算。图5-36和图5-37分别给出了盐岩单元和石膏单元的安全系数 SF 计算结果。

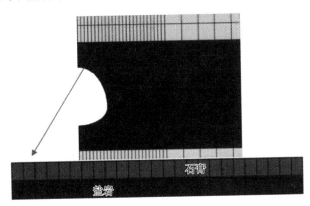

图5-35 夹层界面盐岩和石膏单元示意图

从图5-36可以看出，当盐岩单元在溶腔正上方（$x = 0$）处时，安全系数 $SF = 0.25 < 1$，表明盐岩已经出现损伤，且安全系数最低，此处最先发生破坏，并且破坏程度最高；随着 x 的增大，安全系数逐渐单调增加，在 $x = 45$ m 处，安全系数 $SF = 1.06 > 1$，此时盐岩弹性应力可以维持，不再破坏。

从图 5-37 可以看出,由于石膏和盐岩的力学特性的差异,二者的破坏范围截然不同。虽然石膏单元的安全系数 SF 的变化趋势与盐岩类似,并且最小值仍然出现在 $x=0$ 处,但是因为石膏的强度远大于盐岩的强度,因此石膏单元在界面的 SF 均大于 1,没有产生强度破坏。

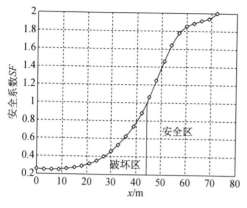

图 5-36 夹层界面上盐岩单元安全系数 SF 图 5-37 夹层界面上石膏单元安全系数 SF

5.5.3 水平溶腔顶部厚夹层界面破坏影响因素分析

大量研究表明:夹层的破坏除了和夹层界面本身及材料的强度有关,还受到夹层厚度、夹层数量、夹层位置以及溶腔形状和内压等一系列因素的影响。为此本节以 5.5.2 节计算结果(方案 1)为基础,分析上述主要因素对夹层破坏的影响规律,夹层界面稳定性分析方案的参数计算结果如表 5-9 所示。

表 5-9 夹层界面稳定性分析方案

模型编号	溶腔高宽比 H/W	溶腔高度 H/m	溶腔宽度 W/m	溶腔内压 P/MPa	夹层弹性常数 弹性模量 E/GPa	泊松比 μ	夹层厚度 t/m	夹层位置 s/m	夹层数量 n
1	1/1	50	50	11.88	63.3	0.395	1	10	1
2	1/1	50	60	11.88	63.3	0.395	2	10	1
3	1/1	50	50	11.88	63.3	0.395	3	10	1
4	1/1	50	50	11.88	63.3	0.395	1	5	1
5	1/1	50	50	11.88	63.3	0.395	1	15	1
6	1/1	50	50	11.88	63.3	0.395	1	10、15	2
7	1/1	50	50	11.88	63.3	0.395	1	5、10	2
8	1/2	50	100	11.88	63.3	0.395	1	10	1
9	5/6	50	60	11.88	63.3	0.395	1	10	1

(续表)

模型编号	溶腔高宽比 H/W	溶腔高度 H/m	溶腔宽度 W/m	溶腔内压 P/MPa	夹层弹性常数		夹层厚度 t/m	夹层位置 s/m	夹层数量 n
					弹性模量 E/GPa	泊松比 μ			
10	5/4	50	40	11.88	63.3	0.395	1	10	1
11	2	50	25	11.88	63.3	0.395	1	10	1
12	1/1	50	50	4	63.3	0.395	1	10	1
13	1/1	50	50	8	63.3	0.395	1	10	1
14	1/1	50	50	16	63.3	0.395	1	10	1
15	1/1	50	50	11.88	30	0.395	1	10	1
16	1/1	50	50	11.88	40	0.395	1	10	1
17	1/1	50	50	11.88	50	0.395	1	10	1
18	1/1	50	50	11.88	63.3	0.2	1	10	1
19	1/1	50	50	11.88	63.3	0.3	1	10	1

注:夹层位置是指溶腔顶端至夹层下界面的距离。

5.5.3.1 夹层厚度的影响分析

由式(5-30)同样可计算出方案 2 和方案 3 中的盐岩单元和石膏单元(图 5-35)的安全系数,并与本书 5.5.2 节的结果进行对比分析,其结果如图 5-38 和图 5-39 所示。

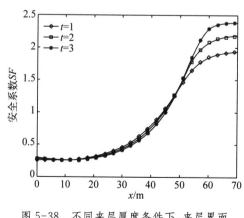

图 5-38 不同夹层厚度条件下,夹层界面盐岩单元安全系数 SF 曲线

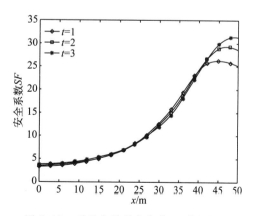

图 5-39 不同夹层厚度条件下,夹层界面石膏单元安全系数 SF 曲线

从图中看出,在 $0 < x < 50$ m 范围内,夹层厚度的提高对盐岩单元安全系数的影响不大,盐岩破坏区范围几乎没有变化;在 $x > 50$ m 范围内,夹层厚度对盐岩应力状态的影

响才开始明显变化,盐岩单元的安全系数随着夹层厚度的变大而增加;而对于石膏单元来说,在 $0 < x < 40$ m 范围内,安全系数变化也很小;在 $x > 40$ m 范围内,才开始出现明显影响,石膏单元的安全系数随着夹层厚度的变大而增加;总之,夹层厚度对溶腔正上方的石膏和盐岩单元所产生的影响很小,但随着 x 的增大,石膏和盐岩单元的安全系数均会明显增加,且沿 x 方向,对石膏单元产生明显影响的起点早于盐岩单元。

5.5.3.2 夹层位置的影响分析

图 5-40 和图 5-41 分别给出了方案 1,方案 4,方案 5 中对应的三个夹层位置(5 m,10 m,15 m)盐岩和石膏单元的安全系数。从图中可以看出,夹层离溶腔越远,盐岩单元的安全系数越高,且随着 x 的增大,安全系数增加的幅度变大;另外,盐岩单元的破坏区也会随着夹层距溶腔的高度增大而减小,方案 5 盐岩的破坏区已经从方案 1 的 $0\sim44$ m 减小至 $0\sim36$ m;在溶腔正上方范围内,夹层位置对石膏单元的安全系数影响很小,当 $x > 25$ m 时,s 对石膏单元安全系数才开始产生明显影响,随着 s 增大,其安全系数会急剧增加。

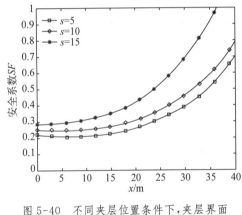

图 5-40　不同夹层位置条件下,夹层界面盐岩单元安全系数 SF 曲线

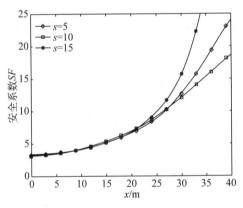

图 5-41　不同夹层位置条件下,夹层界面石膏单元安全系数 SF 曲线

5.5.3.3 夹层数量的影响分析

图 5-42 和图 5-43 给出了方案 1,方案 6,方案 7 盐岩和石膏单元的安全系数对比。可以看出,若在夹层①的上方增加夹层②后,无论是盐岩还是石膏单元,夹层①的安全系数变化均不大;但若在夹层①的下方增加夹层②后,盐岩和石膏单元的安全系数均有明显提高。这表明,下方的夹层②比夹层①处于更不利的位置,夹层②对其上方的夹层①起到了保护作用。因此,在原夹层下方增加夹层,会提高其安全系数。

5.5.3.4 溶腔断面高宽比的影响分析

不同溶腔高宽比条件下,盐岩和石膏单元的安全系数如图 5-44 和图 5-45 所示。可

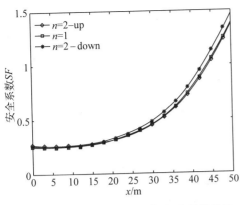

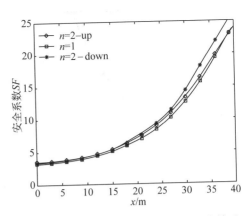

图 5-42 不同夹层数量条件下,夹层①界面 盐岩单元安全系数 SF 曲线

图 5-43 不同夹层数量条件下,夹层①界面 石膏单元安全系数 SF 曲线

以看出,在溶腔的正上方,随着 H/W 的增大,盐岩和石膏单元的安全系数均有大幅提高;但随着 x 增大至 28 m 后,无论 $H/W > 1$ 还是 $H/W < 1$,对应的石膏单元安全系数均小于 $H/W = 1$ 的情况;对于盐岩单元而言,当 x 增大至一定数值后,对应于 $H/W = 1$ 的安全系数最大。这表明,增大 H/W 可以有效提高溶腔正上方二者单元的安全系数,但在一定 x 范围外的溶腔侧上方,$H/W = 1$ 为最安全的溶腔断面。

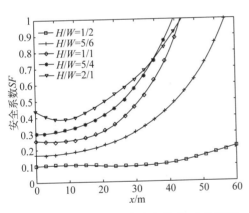

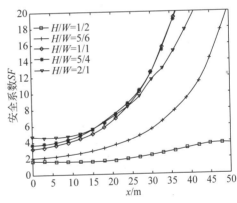

图 5-44 不同溶腔高宽比条件下,夹层界面 盐岩单元安全系数 SF 曲线

图 5-45 不同溶腔高宽比条件下,夹层界面 石膏单元安全系数 SF 曲线

5.5.3.5 溶腔内压的影响分析

图 5-46 和图 5-47 给出盐岩和石膏单元随溶腔内压的变化。可以看出,随溶腔内压的倍增,二者单元在整个夹层界面的安全系数均明显提高,盐岩破坏区的范围也大幅缩小,溶腔内压对于整个夹层界面的稳定性有着至关重要的影响。

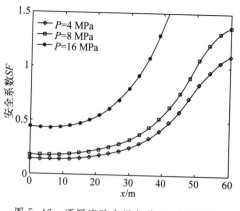

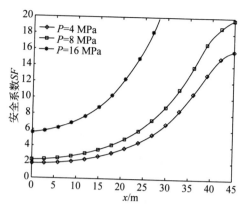

图 5-46　不同溶腔内压条件下,夹层界面
　　　　盐岩单元安全系数 SF 曲线

图 5-47　不同溶腔内压条件下,夹层界面
　　　　石膏单元安全系数 SF 曲线

5.5.3.6　夹层力学特性的影响分析

图 5-48 和图 5-49 给出盐岩和石膏单元随夹层弹性模量的变化。对于盐岩单元而言,夹层弹性模量的增大对其安全系数几乎没有影响;然而夹层弹性模量的增大,降低了夹层的变形能力,进一步增加了二者材料在夹层界面的变形差异,从而降低了石膏单元的安全系数,但影响仅局限在溶腔正上方的一定范围内,随着 x 增大至 36 m,夹层弹性模量对石膏单元安全系数的影响趋于 0。

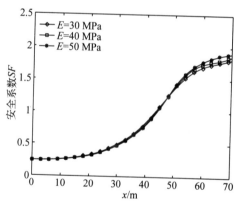

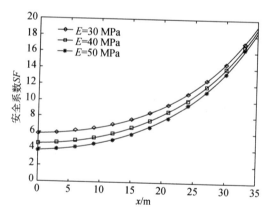

图 5-48　不同夹层弹性模量条件下,夹层界面
　　　　盐岩单元安全系数 SF 曲线

图 5-49　不同夹层弹性模量条件下,夹层界面
　　　　石膏单元安全系数 SF 曲线

图 5-50 和图 5-51 给出盐岩和石膏单元随夹层泊松比的变化。盐岩单元的安全系数几乎不受夹层泊松比的影响。而在 $0 < x < 40$ m 范围内,虽然石膏单元的安全系数随泊松比的减小而略有增加,但是增幅很小。

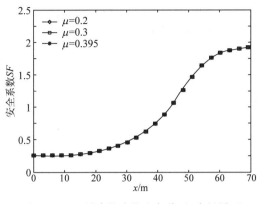

图 5-50 不同夹层泊松比条件下,夹层界面
盐岩单元安全系数 SF 曲线

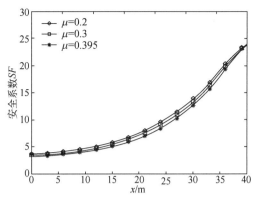

图 5-51 不同夹层泊松比条件下,夹层界面
石膏单元安全系数 SF 曲线

5.6 本章小结

  本章首先对常用盐岩强度准则进行了概述;根据已有实验结果,以剪切应变能理论为基础,在线性三剪能量屈服准则的基础上,补充了屈服强度在 $I_1-\sqrt{J_2}$ 空间的非线性,建立了岩石强度破坏的非线性三剪能量屈服准则,非线性三剪能量屈服准则包含了全部主应力的影响,同时反应了盐岩强度在 $I_1-\sqrt{J_2}$ 空间和 π 平面上的非线性,与其他准则相比,更符合盐岩试验结果;利用莫尔-库仑准则分析了薄、厚两种夹层沿界面滑移失稳的影响因素及其规律,利用非线性三剪能量屈服准则分析了厚夹层界面材料强度破坏的影响因素及其规律。

第6章 层状盐岩大型溶腔建造工艺与技术

6.1 引言

  层状盐岩溶腔是由盐类矿床的溶解来建造的,研究盐类矿床的水溶开采方法,也就是研究溶腔建造方法。因此有必要来综述盐类矿床的溶解开采方法,即有多少种盐岩水溶采矿方法,同时就有多少种溶腔建造的方法。

  按有无化学反应的出现,层状盐类矿床开采方法细分为溶浸法和溶解法两种。溶浸法主要用于金属矿床的开采,开采过程中常伴随化学反应。溶解法主要用于可溶性盐类矿床的开采,开采过程通常无化学反应发生。无论是溶浸法还是溶解法,都是目标矿场在某种溶剂的诱导或反应下,使矿床在溶剂中溶解和传质。

1. 溶浸法

  溶浸法即化学溶解法,是直接在矿床的赋存地,用化学的方法,将有益矿物组分取出的开采方法。

  采掘与化学加工相结合的化学法开采,已经作为一门独立的技术,在矿产资源的开发、利用中占有不可忽视的地位,而且在迅速地发展。

  盐类矿物实现了溶解开采,而且像铝、铜、银、铁等多种金属矿也实现了化学法开采。由于化学法开采不需要把固相矿石运出至地表,省掉了最繁重的和费用很大的工序——采掘、运输、选矿等工序,在某种程度上改变了矿床开采、储量分级、地质研究程度和工业指标的概念。

  化学法开采,从20世纪60年代初期以来短短几十年间,在我国以及美国、日本、俄罗斯、德国、加拿大、南斯拉夫、澳大利亚等国,都得以迅速发展,并取得了显著成就。这是因为,化学法开采在矿产资源的利用、经济和环境保护等方面具有极大的优越性。

  首先,化学法开采能充分回收资源,扩大矿床的工业储量。当化学溶剂同矿床接触时,所有矿物,甚至连有用成分含量很低的矿物都参与了溶解(浸溶)作用。所以在计算地质储量时,有用成分的边界品位大为降低。

  随着工业发展对矿产资源需求量的不断增加,富矿和易开采矿石的产量不能满足需求。而化学法开采,是一种能开辟贫矿,分散小矿以及老矿残留矿柱的开采途径;对深部矿床以及过去技术上不能采掘的矿床,可用化学法开采。超深钻孔技术的突破,更为深层矿床的化学法开采提供了技术条件。例如,联邦德国、加拿大评价钾盐矿床以1 100 m为界,苏联以 800 m 为界。采用溶浸开采法可大大突破这一界限。加拿大可供常规法开采的钾盐矿床储量占总储量的 6.8%,而可供溶浸开采法的量占总储量的 93.2%。荷兰曾成功地利用溶浸开采法回收深达 2 400 m 的地下光卤石矿,这是深地化学法采矿应用的成功案例。

其次,化学法开采减少了基建投资,降低了生产成本。尤其是深部矿床和低品位矿床的开采,会使基建投资和生产成本显著增长,而常规露天和地下采矿技术的发展,不足以弥补这些费用。溶解(溶浸)采矿是一种可能真正降低基建和生产费用的方法。

事实正是如此。例如,拿湖北应城盐矿分别使用矿井开采法与水溶开采法(水力压裂法)进行比较,结论是水溶开采法的基建投资将比矿井开采法节省 70.4%,基建时间缩短至 1/3,卤水成本降低 72.2%。加拿大萨斯喀彻温埋深 1 800 m 的矿床,用溶浸法开采钾盐与用机械化开采的对比资料表明,两种方法的经济效果(投资、成本)大致相当。但从安全(井下可能发生气体爆炸)和劳动生产率指标来看,钾盐的地下溶解开采方法有很大的优越性。而且,此法在产品综合利用时将更为有效。例如,若把生产钾肥的企业与利用食盐液为原料而生产其他产品的化工厂联合起来,则具有更大的经济意义。

化学法开采研究的对象是工艺原理的物理化学过程和有益矿物的开采手段。这种开采手段,是和矿体的地质-物理状态以及环境密切联系在一起的;这种工艺方法,是基于在矿床的赋存地通过热力、物质交换、化学浸溶、水力等作用,将有益矿物从固态转化成可流动状态,然后将其采出。因此,一般是通过特殊设计的钻孔(深部矿床)、溶孔(地表或盐湖矿床)、集液沟,或直接在矿层表面布液,并按照特定的工艺过程进行开采。

开采方法的选择,离不开对矿床地质和物理化学性质的深入调查研究。这就是说,对矿层的产状要素、矿物物质和矿物组成、颗粒和粒度结构、物理性质(包括硬度、脆性、流变性、黏性、可溶性等)要作详细了解;对在外力和溶剂作用下矿石的状态变化方式,也应通过试验作评价。

不同的溶解开采法,适用于不同的条件。在选用时,应着重考虑地球的物理-地质因素:矿石和矿物成分,有益元素的含量,矿体集围岩的力学性质,地下水和矿床充水的化学成分,地下水和周边水的补给和排泄条件,矿层的空隙度和透水性,地质构造等。此外,在选用前应进行必要的室内模型和野外试验,以确定先进的工艺参数和合理的经济指标。

2. 溶解法

层状盐岩溶解法开采是指矿物中的有用成分被溶剂溶解,转变成流动状态的溶液,并被输送到地表的一种采矿方法,它是以地质学、水文地质学、化学工艺学、物理化学等多学科为基础的一门新技术。这项新技术 20 世纪 60 年代初期以来得到了迅速发展。其不同于常规的"露天开采"和"井工开采",它突破了先采掘矿石、后加工的传统过程,把采矿和初步加工联合在一起,同时在地下完成,使得一次就可以从地下获得所需的成品或半成品,无大量矿渣带到地面。此法属于无矿井开采法,它的"开采工具"是各种溶剂(水、酸、碱溶液等)。

溶解法开采的发展与化学溶解法开采的发展相当,因为化学溶解法开采就是在溶剂中加入一些相应种类的助溶剂,其实溶剂的基本种类还是水,所以溶解法开采发展的同时也带动化学溶解法开采的发展。

任何新工艺的顺利实现,都应有其相应的理论基础。盐类矿床的溶解法开采中,借助于各种溶剂(主要是水)能有效地把许多有益矿物变为溶液,以液相形式采出。因此,它应以各种条件下盐类矿物或矿石溶解及浸溶地物理-化学原理和流体动力学原理为基础。

盐类矿物地溶解法开采的物理-化学原理,在前面的溶解试验中已有介绍,这里主要说明其流体动力学原理。

盐类矿物的溶解法开采,除遵循物理化学原理外,还遵守水动力学及其分支——液体在裂隙介质中的运动规律,以及物质的扩散和质量传递规律。

实际上,盐类矿物溶解时,附着在固相表面的那些液体首先富集物质,随着时间的延续,浓度逐渐增大并达到饱和时,这层液体就失去溶解和接收溶质的能力。要继续溶解固体物质,就得通过扩散或对流扩散移走其中的被溶物质。

6.2　大型溶腔建造技术方法

在国外盐岩溶腔利用的有关技术已经相当成熟,从盐穴设计、建造到运行管理及监测等方面都有一套完整的技术和手段。而在我国则是刚刚起步,因此很有必要对我国的盐岩地质条件进行论证。

利用盐丘(盐层)建设地下储备库的关键技术主要包括选址评价技术、溶腔设计技术、钻完井工程技术、建腔技术、注采工程技术及地面系统工程技术。

1. 选址评价技术

选址评价技术是盐穴储库关键技术之一,它所涉及的学科包括地震学、地质力学、沉积学、岩石力学、工程力学、水文地质学、构造地质学等。根据选库区的地质条件,利用各种资料,综合评价盐层的各项建库可行性技术指标,特别是利用地质力学评价方法和有限差分模型技术来评价围岩及盐岩层建库的稳定性。在实际战略储备的选址和布局中,应从地理环境、接卸条件、建设条件等多方面考虑,要适当分散和规模适度,遵循进出方便、靠近输油管线、炼厂等原则。盐岩溶腔结构的稳定性是建库选址中的关键技术和先决条件,它关系到地下储备库溶腔能否保持长期稳定。

2. 溶腔设计技术

根据不同的地质条件,运用工程力学、地质力学、流体力学等原理,在溶腔形态物模、数模研究和盐岩稳定性评价的基础上,利用油气藏工程方法及非线性本构定律对盐岩溶腔的形态、体积、运行压力、库容量、注采能力等进行设计,并进行储备库运行方案的设计与优化。盐岩溶腔结构稳定性参数设计是溶腔设计的关键,通过实验室的分析,获取盐岩和围岩的应力、应变力学参数,建立数学模型,分析研究盐岩溶腔周围的应力分布,进行溶腔结构稳定性参数的设计。

3. 钻完井工程技术

盐穴储备库钻井方法与常规油气井基本相同,主要进行井身结构的确定和钻井液体系的优选,最大区别在于需要大钻机钻大直径井眼、下大尺寸套管。固井作业与常规油气井大不相同,难度较大,要使用饱和盐水泥浆以免在盐层中冲蚀。水泥浆体系的设计是关系到固井质量和储备库安全、长期密封的关键,必须深入研究。对于储备库井来讲,必须充分考虑盐的扩散对固井工艺和水泥浆体系的影响,设计套管时要考虑盐岩蠕变的影响。

4. 建腔技术

建腔技术是实现储备库建设的关键之一,根据盐溶机理,采用水溶开采方式建造溶腔,建腔过程中采取一系列的技术措施,防止溶腔垮塌和控制溶腔形态,此外,还需通过各种方法测量溶腔的形态。为了保证溶腔结构的稳定性,必须要求溶腔的顶部应具有拱顶状。

5. 注采工程技术

针对储备库的地质条件、建库工艺等,考虑压力变化、盐岩蠕变的特征,采用先进成熟的技术,并选择合理的注采工艺参数,进行注采方式和工艺的设计,确保储备库长期安全运行。针对盐穴储备库的特点、重点考虑修井作业时储备库的安全问题,减少作业次数。对储备库注采井溶腔动态监测技术及设备选型进行确定。

6. 地面系统工程技术

根据储备库地质条件,确定储备库地面集输管网建设方案,进行地面注采工艺方案及处理工艺方案的设计,研究储备库地面工艺配套公用工程,确定技术方案和设备选型。对环境现状和储备库工程的环境影响进行分析研究。

目前,我国在盐矿储油库的地质评价选址、钻井溶解建腔、完善的注采管理及地面设备建设等系统工程中,具有较高的技术水平,能够完成绝大多数的工作,这些工作包括地质综合评价研究、钻完井、采盐建穴、运行方案设计、地面工程设计等。其中,我国众多盐业公司在水溶采盐实践中保护溶腔稳定性方面积累了一定的经验技术,如油垫、气垫保护顶板技术,正反循环采盐技术等,对层状盐岩大型溶腔建造工业实践有一定的参考价值。

总之,利用盐丘(盐层)建设地下储备库是一项系统工程,需要多学科的配合,整体、系统、周密地考虑,深化研究,全面展开论证。

6.3 层状盐岩大型溶腔建造方法

本节内容基于水溶采矿基础,讨论几种对溶腔形成有利的开采方法,即钻井水溶法,其又包括单井对流法、井组连通法、定向对接井连通溶解法以及单井水平后退式溶浸开采法。

6.3.1 单井对流法

单井对流法是以一口井为一个循环单元,在井内下多层密封套管,从其中一套管内注入淡水,溶解盐类矿层,形成卤水,再利用注水余压使卤水从另一层套管内返回地面的开采方法,其溶腔形成过程如图 6-1 所示。根据对流井内淡水是否控制上溶以及控制上溶的方法,单井对流法又可以分为简易对流法、油垫对流法、气垫对流法三种。

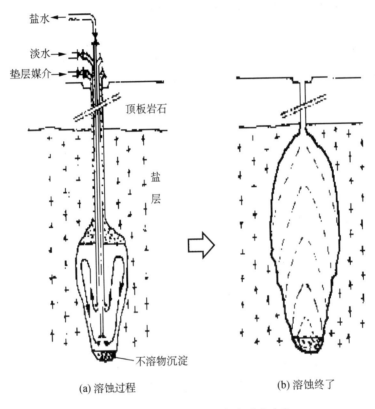

(a) 溶蚀过程　　　　　　　　　　(b) 溶蚀终了

图 6-1　单井对流法溶腔形成过程

（1）简易对流法是对井下的溶解不加控制的开采方法,由于此种方法简单易行,建井投资费用比较少,适用于开采各种易溶盐矿,故自 19 世纪末至 20 世纪初以来,被世界各国广泛采用。

（2）油垫对流法是利用油水互不相溶和石油密度小,且石油不溶解盐类矿物的特性,在井内三层同心管的密闭系统中,从技术套管与内套管环隙间断性地注入石油,使其在水溶开采溶腔顶部形成一个很薄的油垫层,将水与矿体隔开,以控制向上溶解的进程,迫使其溶解作用在水平方向上进行。当建立的圆盘状盐槽达到设计的溶腔直径后,再从上至下进行水溶开采。由于这种方法的套管层数较多,故钻井的直径较大,建井费用高。

（3）气垫对流法的溶解开采原理和油垫对流法的基本相同,只是把油垫换成气体。

6.3.2　井组连通法

井组连通法,就是以两井或多井为一个开采单元,用各种方法在井间矿层中建造溶蚀通道,然后从一个井口注入淡水,溶解矿层,形成卤水,再利用注水余压使卤水从另一井返回地面的开采方法。根据井间通道形成方法的不同,其又可以分为两种方法:对流井溶蚀连通法和压裂连通法。

对流井溶蚀连通法是以两井或多井为一个开采单元,在单井对流法水溶开采过程中,随着水采溶腔直径的增大,当两井的溶腔相互连通后,改从一井注入淡水,利用注水余压使卤水从另一井返回地面。对流井溶蚀连通法根据单井对流水溶开采时是否控制上溶以及控制上溶的方法,又分为自然溶蚀连通法、油垫建槽连通法和气垫建槽连通法。它们的不同之处是单井的形成时期,而单井形成后的工艺则完全一样。

压裂连通法,也就是我们这里要讨论的水力压裂法,它的基本原理是通过地面高压泵,利用水传递压力和溶解盐岩的能力,将高压淡水从一口盐井注入盐岩矿层,迫使矿层形成裂缝,与另一口盐井连通,返出卤水,达到开采盐岩的目的,同时形成溶腔的目的。

水本身是良好的传递压力的液体。因为水具有体积不可压缩性,又是高流动性液体,所以只要压力设备具有多大的压力,水就能传递多大的压力。水的另一个最大特征是对盐岩有良好的溶解性,能将地下盐岩矿溶解带出。水的高压作用还能对盐岩起冲刷作用,可以将颗粒盐岩带到地面。冲刷作用是在裂缝通道很小情况下表现明显,裂缝扩大了,这种作用就消失了。

6.3.3　定向对接井连通溶解建腔

定向井连通方法,主要有定向水平井连通法。随着钻井技术的发展,定向井连通法已经由最初的定向斜井连通法发展到中小半径水平井连通法,目前正在向智能化方向发展,同时,径向水平井连通法也在试验中。

1. 定向斜井连通法建腔

我们以定向斜井连通水溶采矿法为基础来建造溶腔。定向斜井连通法水溶开采就是以两口井为一个开采单元,朝目标井(直井)钻一口倾斜水平井,使两口井在开采矿层下部连通,形成初始溶解洞室,然后从一口井注入淡水,溶解矿层,形成卤水,再利用余压使卤水从另一口井返回地面的开采方法。利用这种方法建造的溶腔多为圆柱形,形状比较稳定。

乌克兰新卡法根盐矿于 20 世纪 60 年代初开始应用定向斜井连通法,其实质为倾斜长半径水平井连通法。随着水平钻井技术的发展,定向斜井连通法没有能够全面推广应用。

2. 中小半径水平井连通建腔

中小半径水平井连通法就是以两口井为一个开采单元,其中一口中小半径井朝目标井(直井)进行定向钻,或者两口中小半径水平井朝设计的同一"靶点"进行定向钻,使两井在开采矿层下部连通,形成初始溶解洞室,然后从其中一口井注入淡水,溶解矿层形成溶腔,形成的卤水再利用注水余压使其从另一井返回地面。

由于中小半径水平井完全"中靶"的概率很低,往往距设计的"靶点"有一定的误差,必须配合其他方法实现连通才有实际生产意义。这些方法包括对流建槽、水力压裂以及定向水力喷射等。

中小半径水平井连通法的优点是:井组连通方向和连通部位基本上可控制;中靶误差有资料显示在 2 m 以内;连通部位在盐岩矿层的下部,自下而上的溶解,有利于溶腔的形成。

利用定向对接连通技术可以建造水平硐室型的油气储库,其建造示意如图 6-2 所示,本课题组对此方法申请了专利,已经授权。

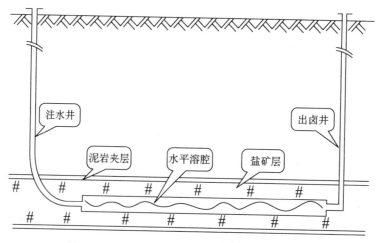

图 6-2 定向对接连通溶解建造油气储库示意图

此法是利用油气开采中的对接井技术,完成基础井和目标井(垂直井)之间的贯通后,以一个井为注水井,另一个井为出水井,进行盐岩的注水溶解,以此来建造油气的储存溶腔。由盐岩矿物溶解特性可以知道,盐岩在溶腔中的上溶和下溶速度不同,会导致溶腔形状的变化。为得到预定形状的溶腔,可以通过控制溶液的温度、流速和及时调整出入水井,来控制矿物的溶解,以达到控制溶腔形状的目的。

以上介绍的是盐矿开采的方法,也就是溶腔建造的各种基本方法,这些方法各有利弊。

6.3.4 单井水平后退式溶浸开采方法

针对我国盐类矿床的特点,由太原理工大学原位改性采矿教育部重点实验室与加拿大滑铁卢大学(University of Waterloo)共同发明提出了一种定向钻井和循环后退式单井对流水平盐岩溶腔储库的建造方法,如图6-3所示。该方法利用了双井定向对接对流法和单井对流法的优势,淡水经过中心管盲端的侧壁花孔注入盐岩矿床,高浓度卤水从中心管与中间管环隙经管串系统排到地面,周期性分阶段后退式溶解盐岩。

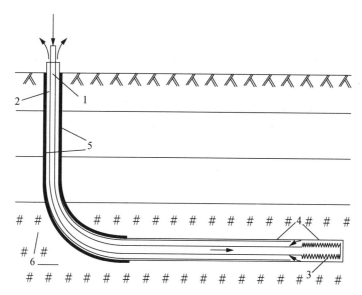

1—主水管;2—出水管;3—盲端侧壁花孔射流段;4—水平井;5—中间管与固井套管环隙;6—盐岩层

图6-3 水平盐岩溶腔储库的建造方法示意图

单井水平后退式溶浸开采方法,相比于双井对接连通水溶开采技术,少建造一口竖井,而且后退式溶解可以更好地保障水平段长距离建造高度方向尺寸均匀的溶腔,是一种大型水平盐岩溶腔快速建造的有效方法。盐岩水平溶腔建腔期内,腔内流体的运移规律不易观测,课题组针对盐岩水平溶腔流体运移和边界扩展规律进行了数值模拟研究[103]。

6.4 THC 耦合作用下盐岩水平溶腔流体运移数值模拟研究

6.4.1 数值模型的建立

1. 数值计算模型

1) 几何模型

利用 FLUENT 软件模拟研究建腔期流体的运移规律,在建模过程中不考虑腔体边界的移动变化,且将实际工程腔体的几何尺寸简化为 $\phi 10\ \text{m} \times 100\ \text{m}$ 的圆柱体。模拟中将其简化为二维平面问题,则溶腔数值模型几何图如图6-4所示。

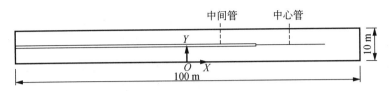

图 6-4 溶腔几何模型

2）边界条件

模拟实质是对二维空间中不可压缩流体的对流扩散规律进行研究，其中流体流动为非稳态流动，将岩石壁面设定为速度入口边界，同时为了不对腔内的流场造成影响，将该面的速度设定为一个较小的速度值，流体的浓度设定为饱和盐水的浓度。盐岩溶腔埋深 1 500 m 左右，可以估算地层温度为 50℃ 左右，所以将其设定为 323.15 K。

3）网格划分

利用 Gambit 建立腔体模型并划分网格，同时对边界及进、出水口的网格进行细化，输出网格模型，如图 6-5 为套管间距 30 m 的网格划分图，其他模型的网格划分与此类似。

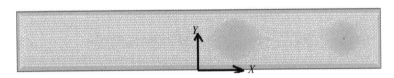

图 6-5 套管间距 30 m 的数值模型网格图

4）定义材料

在组分输运模型中，NaCl 的分子构成是一个 Na^+ 和一个 Cl^-，由于 Na^+ 和 Cl^- 在溶液中的浓度相同，所以将 NaCl 看为以分子的状态存在于溶液中。FLUENT 中的双组分输运模型描述的是混合流体的状态，因此这里将模拟所用的材料定义为 NaCl 溶液。

2. 数值模拟实验条件

数值模拟考虑套管间距、注水流量以及循环方式三种工艺条件下盐岩水平溶腔建腔期流体运移的变化规律，每个工艺设计了不同的数值，详情见表 6-1。

表 6-1   数值模拟算例

类别	套管间距/m	注水流量/(m³·h⁻¹)	循环方式
数值	10 20 30 40	90 120 150 180	正循环 反循环

6.4.2 数值模拟结果及分析

1. 不同套管间距的流体运移数值模拟结果及分析

该组模拟注水流量为 150 m³/h，套管间距分别取 10 m，20 m，30 m 和 40 m。

1）流场模拟结果分析

不同套管间距条件下的流场矢量图如图 6-6 所示。

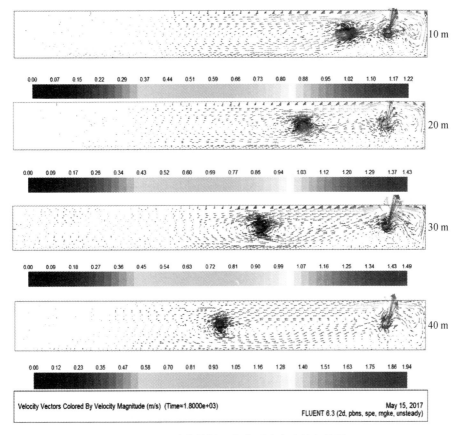

图 6-6　不同套管间距条件下腔内流场矢量图

由图 6-6 可以看出，不同套管间距的流体运移规律相似。在盐水产生的浮力作用下，从中心管注入的淡水明显地向腔体上壁面偏转运移，向上的运动受到腔体上壁面限制后，沿上壁面水平运移，此时的速度略有降低，一直运动到出水口位置。由于出水口的压强较小，在出水口排出卤水所形成的卷吸作用下，流体向下运移，在出水口的左端形成漩涡。由于腔内的盐水浓度越向下浓度越大，所以此过程中，盐水的浮力对向下运移的流体形成阻力，速度逐渐减小为 0，然后折回到对流扩散区。在此区域内流体继续向右运移，一直运动到出水口，一部分流体经出水口流出，一部分流体在对流的驱动力作用下，继续向右运移，一直运移到进水口，与进水口注入的淡水混合。之后的运移重复上述的运动。流体的流动主要集中在进水口与出水口之间，因为该区域的流体浓度相对较低，浓度越低，流体的流速越高。同样道理由于腔体下壁面区域的流体浓度较高，流体的对流卷吸作用对该区域的影响作用较小，该区域的流速较小。该流场分布对应着腔内的浓度场和温度场分布。因此，水平盐岩溶腔内的流场是浓度场与温度场耦合作用的结果。

2）浓度场模拟结果分析

不同套管间距条件下的浓度场分布云图如图6-7所示。

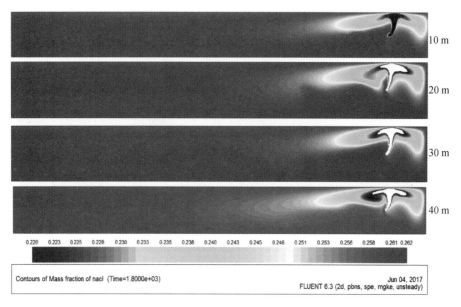

图6-7　不同套管间距条件下的腔内浓度场分布云图

由图6-7可以看出，不同套管间距条件下水平溶腔的浓度场分布规律相同。由于流体运移在水平溶腔的影响范围有限，整个腔内左端的浓度较右端的浓度低，上半部分的浓度较下半部分的浓度低，下半部分的盐水浓度保持在较高的水平，将近达到了盐水的饱和浓度，进水口处的盐水浓度为腔内最低。在腔内高浓度盐水的浮力作用下，从中心管注入的淡水明显向腔体上部偏转运移，进入对流扩散区。该过程中淡水与腔内的高浓度盐水混合，浓度逐渐增大。到达腔体上部壁面后，混合盐水向两端扩散，浓度继续增大。最后随着流体继续运移，浓度相对保持稳定。水平溶腔腔内的盐水浓度分布对应着腔内的流场和温度场分布。在流速较大的区域，从中心管注入的淡水源源不断地补充进来，导致该区域的浓度较低；在温度较大的区域，充满着温度相对较高的盐水，说明该区域受注入淡水的影响较小，这就导致该区域的盐水浓度较高。因此，盐岩水平溶腔内的浓度场是流场与温度场耦合作用的结果。

3）温度场模拟结果分析

不同套管间距条件下水平溶腔的温度场分布云图如图6-8所示。

由图6-8可以看出，不同套管间距条件下的温度场分布规律相同。整个腔内的流体温度除了注水口上部位置处于较低水平外，其他区域的流体温度均较高，该温度与水平溶腔所处地层温度相同。在腔内高浓度盐水的浮力作用下，从中心管注入的低温淡水明显向腔体上部偏转运移，进入对流扩散区，到达腔体的上部壁面区域。该过程中温度较低的淡水与腔内温度较高的盐水混合，混合后温度逐渐增大。到达上部壁面后，混合盐水沿上

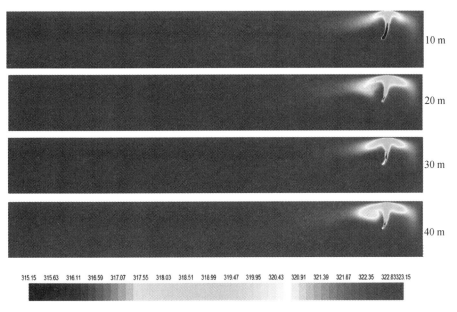

图 6-8 不同套管间距条件下腔内的温度场分布云图

壁面向腔体两端扩散,温度继续增大。最后随着流体继续运移,最终温度相对保持稳定。水平溶腔腔内流体的温度分布对应着流场和浓度场分布。在流速较大的区域,因为有源源不断的低温淡水补充进来,导致该区域流体的温度较低;在浓度较大的区域,充满着高浓度的盐水,该盐水的温度接近于水平溶腔所处地层的温度,该区域的温度处在较高的水平。因此,盐岩水平溶腔的流体温度场是流场和浓度场耦合作用的结果。

2. 不同注水流量的流体运移数值模拟结果及分析

该组数值模拟套管间距 20 m,注水方式采用正循环,注水流量分别取 90 m³/h,120 m³/h,150 m³/h 和 180 m³/h。

1) 流场模拟结果分析

不同注水流量条件下的流场矢量图如图 6-9 所示。

由图 6-9 可以看出,不同注水流量条件下水平溶腔的流体运移规律相似。由于盐水的浮力作用,注入的淡水明显地向腔体上部偏转运移,遇到腔体上壁面限制后,沿上壁面运移。在壁面运动过程中,不断与高浓度的盐水混合,速度逐渐降低,一直运动到腔体出水口附近,在出水口卷吸力的作用下,流体进入对流扩散区。由于腔内的盐水浓度越向下浓度越大,所以此过程中,盐水的浮力对向下运移的流体形成阻力,速度逐渐减小为 0。在浮力的作用下,流体微粒折回到对流扩散区。此过程中,腔内会形成一个漩涡,向右继续运移的流体一部分流体经出水口流出,一部分继续向右运移,一直运动到中心管管口,与中心管注入的淡水混合。之后的运移重复上述的运动。

2) 浓度场模拟结果分析

不同注水流量条件下的浓度场分布云图如图 6-10 所示。

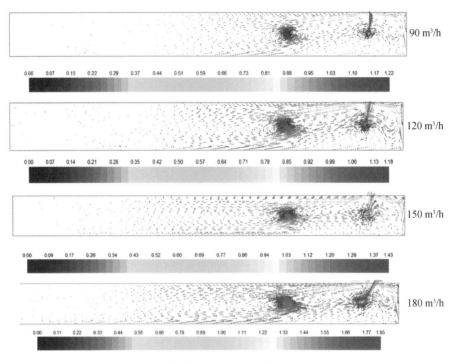

图 6-9　不同注水流量条件下的流场矢量图

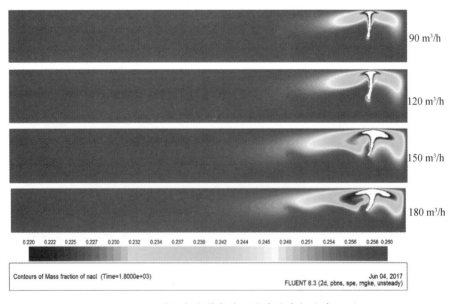

图 6-10　不同注水流量条件下腔内浓度场分布云图

　　由图 6-10 可以看出,不同注水流量条件下的腔内浓度场分布规律相似。整个腔内的浓度,左端部较右端部高,上半部分较下半部分低。下半部分的盐水浓度保持在较高的水平,将近达到了盐水的饱和浓度,进水口处的盐水浓度为腔内最低。随着注水流量的增加,腔内低浓度区域的面积明显增大,腔内整体的平均浓度明显降低。在腔内高浓度盐水的浮力作用下,从进水口注入的淡水明显向腔体上部偏转运移,进入对流扩散区。该过程中淡水与腔内的高浓度盐水混合,浓度逐渐增大。到达腔体上部壁面后,混合盐水向两端扩散,浓度继续增大。最后随着流体继续运移,浓度相对保持稳定。水平溶腔的盐水浓度分布对应着流场和温度场分布,即流速较大的区域浓度较低,流速较小的区域浓度较高,温度较大的区域浓度较高,温度较小的区域浓度较低。因此,盐岩水平溶腔内的浓度场是流场与温度场耦合作用产生的结果。

3)度场模拟结果分析

不同注水流量条件下水平溶腔内的温度场分布云图如图 6-11 所示。

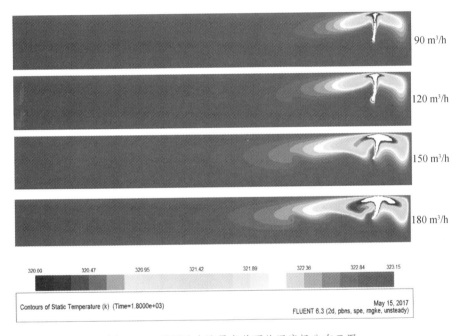

图 6-11　不同注水流量条件下的温度场分布云图

由图 6-11 可以看出,不同注水流量条件下的水平溶腔内温度场分布规律相似。整个腔内除了注水口上部区域的流体温度较低以外,其他区域的流水温度均处在较高的水平。这主要是因为中心管注入的低温淡水在盐水浮力的作用下,迅速向腔体顶部运移,在此区域内低温淡水与高温饱和盐水经过混合变为浓度相对较低的盐水,下半部分的盐水温度在较高的水平,达到了所在岩层的温度,进水口处温度为腔内最低,随着注水流量的增加,腔内低温度区域的面积明显增大,腔内平均温度明显降低。在腔内高浓度盐水的浮力作用下,从中心管注入的低温淡水明显向腔体上部偏转运移,进入对流扩散区。该过程中低温淡水与腔内的高温盐水混合,温度逐渐增大。到达腔体上部壁面后,混合盐水向两端扩散,温度继续增大,最后随着流体继续运移,温度相对保持稳定。

3. 不同循环方式的流体运移数值模拟结果及分析

该组数值模拟套管间距为 20 m，注水流量取 150 m³/h，注水方式分别采用正循环、反循环。

1）流场模拟结果分析

不同循环方式条件下腔内流场矢量图如图 6-12 所示。

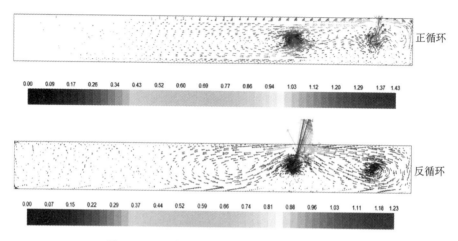

图 6-12　不同循环方式条件下腔内流场矢量图

由图 6-12 可以看出，不同循环方式下的流体运移规律仍然相似。反循环条件下，由于受到盐水产生的浮力作用，从中心管与中间管的环空区域注入的淡水同样明显地向腔体上壁面偏转运移，向上的运动受到腔体上壁面限制后，沿腔体上壁面向两端水平运移，此时的速度略有降低。运动到一定距离后，向下偏转运移，由于腔内的盐水浓度越向下浓度越大，所以此过程中，盐水的浮力对向下运移的流体形成阻力，速度逐渐减小为 0，然后折回到对流扩散区，在进水所形成的的卷吸力作用下，一部分流体经中心管流出，一部分流体在对流的驱动力作用下，继续向右运移，一直运移到环空区域，与其注入的淡水混合，之后的运移重复上述的运动。流动主要集中在进水口与出水口之间，因为该区域流体的浓度相对较低，浓度越低，流体的流速越高。同样道理，由于腔体下壁面区域的流体浓度较高，流体的对流卷吸作用对该区域的影响作用较小，该区域的流速较小。该流场分布对应着腔内的浓度场和温度场分布。因此，盐岩水平溶腔内的流场是浓度场与温度场耦合作用的结果。

2）浓度场模拟结果分析

不同循环方式条件下的腔内浓度场如图 6-13 所示。

由图 6-13 可以看出，不同循环方式条件下的腔内浓度场分布规律相似。整个腔内除了进水口的浓度较低以外，其他区域的盐水浓度均比较高，同时进水口处的盐水浓度为腔内最低。随着循环方式的改变，反循环条件下的腔内低浓度区域的面积明显减小，腔内整体的平均浓度明显较大。在腔内高浓度盐水的浮力作用下，从中心管注入的淡水明显向

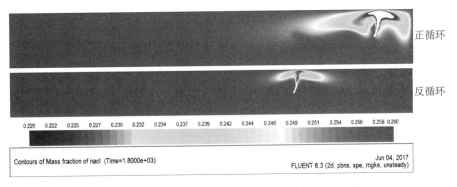

图 6-13　不同循环方式条件下腔内浓度场分布云图

腔体上部偏转运移,进入对流扩散区。该过程中淡水与腔内的高浓度盐水混合,浓度逐渐增大,到达腔体上部壁面后,混合盐水向两端扩散,浓度继续增大,最后随着流体继续运移,浓度相对保持稳定。水平溶腔的盐水浓度分布对应着流场和温度场分布,即流速较大的区域浓度较低,流速较小的区域浓度较高;温度较大的区域浓度较高,温度较小的区域浓度较低。因此,盐岩水平溶腔内的浓度场是流场与温度场耦合作用产生的结果。

3) 温度场模拟结果分析

不同循环方式条件下水平溶腔内的温度场分布云图如图 6-14 所示。

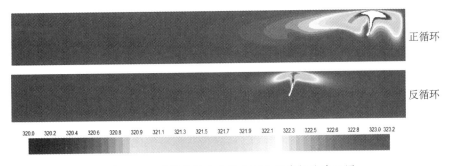

图 6-14　不同循环方式条件下的温度场分布云图

由图 6-14 可以看出,不同循环方式条件下的水平溶腔内温度场分布规律相似。注水口上部区域的流体温度较低,这主要是因为中心管注入的低温淡水在盐水浮力的作用下,迅速向腔体顶部运移,在此区域内,低温淡水与高温饱和盐水经过混合变为温度相对较低的盐水,其他区域的流体温度保持在较高的水平,将近达到了所在岩层的温度。随着循环方式的改变,腔内低温度区域的面积明显减小,腔内整体的平均温度明显增大。在腔内高浓度盐水的浮力作用下,从中心管注入的低温淡水明显向腔体上部偏转运移,进入对流扩散区。该过程中低温淡水与腔内的高温盐水混合,温度逐渐增大,到达腔体上部壁面后,混合盐水向两端扩散,温度继续增大,最后随着流体继续运移,温度相对保持稳定。

6.5 盐岩水平溶腔边界扩展规律研究

盐岩水平溶腔的建造是一个复杂的多场耦合作用过程,盐岩的溶解不断引起盐岩溶腔壁面边界的不断变化,腔体形状也会随之改变。为了解盐岩水平溶腔的边界变化情况,该节主要对盐岩水平溶腔的边界扩展规律进行初步的研究。

6.5.1 数值模型及条件的确定

1. 初始模型

假设初始的盐岩溶腔为 $\phi 2$ m$\times$100 m 的圆柱体,这里模拟中将其简化为二维平面问题,则溶腔初始模型几何示意图如图 6-15 所示。本节模拟时,套管间距取 20 m,注水流量取 150 m³/h。

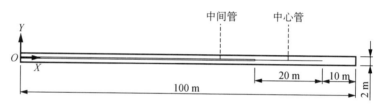

图 6-15 溶腔初始模型几何示意图

2. 初始条件、边界条件

初始条件、边界条件及其他设置情况与 6.4 节相同。

3. 溶解速度

根据徐素国[5]盐岩溶解研究的实验结果,获得盐岩溶解速度。

4. 计算过程

该模拟进行了 100 d,每隔 10 d 记录输出一次腔体形状,最终得到 100 d 内的溶腔形态变化规律。

6.5.2 数值模拟结果分析

1. 注水 100 d 内的溶盐厚度变化规律

读取 100 d 内腔体不同位置的高度,从而得到 100 d 内不同位置处的溶盐厚度变化规律,如图 6-16 所示。

由图 6-16 可以看出不同位置处的溶盐厚度,随着注水时间的增长及溶解的进行,由于溶液浓度的差异,注水口的盐岩溶解高度明显高于出水口,且注水口上部是整个溶腔内溶解高度最大的位置。在溶解 100 d 后,注水口上部的最大溶盐厚度为 10.52 m,而出水

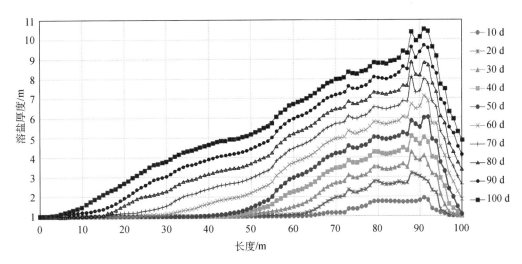

图 6-16　溶盐厚度随时间的变化曲线

口上部的最大溶盐厚度为 7.97 m。从进水口到水平溶腔两端,盐岩的溶解厚度逐渐减小。随着注水开采时间的增长,溶腔内出水口左端的溶盐厚度也开始逐渐增加,在注水开采 100 d 后,腔体左端面即 $x = 0$ m 处的上壁盐岩开始溶解。从开始注水到 100 d 时间里,盐岩水平的溶腔形状由开始的水平形变成仿楔形状,说明在相同位置注水 100 d 时间内,不会出现该位置对应上部区域的盐岩无限制地溶解而其他区域的盐岩不溶解的现象,相反该位置的盐岩溶解同样会不同程度地促进其他位置的盐岩溶解,只是不同位置的盐岩溶解厚度和开始溶解的时间因注水时间的长短和与注水口的距离不同而存在差异。在实际工程的建腔过程中,应合理地选择在每个注水位置注水时间的长短。当该位置的溶盐厚度达到盐岩水平溶腔的设计高度后,要将管串整体向后移动一定距离,当该位置处的盐岩溶腔高度达到设计要求时,再后退移动,按照此步骤进行循环作业,达到盐岩水平溶腔建造的目的。

2. 注水 100 d 内的腔内流体速度变化规律

由流场模拟结果可以得到不同注水开采时间下的出水口处的流速变化情况,如图 6-17 所示。

由图 6-17 可以看出,在单位时间内注水量一定的条件下,随着注水时间的增加,出水口流体的流速明显降低。注水开采 10 d 时,出水口的流速最大,其值为 0.506 m/s。在 20 d 前,即注水开采的初期,由于整个溶腔的体积较小,溶盐的溶解速率相对较大,腔体边界扩大的速度相对较快,流速降低的速率就较大;随着溶解的不断进行,腔体的容积不断增加,腔内盐水的整体流速就会降低,同样出水口流速也会随着降低,但由于溶盐的溶解速率降低,腔体边界扩大的速度相对较慢,这样就会导致出水口流速降低的速率逐渐减小。实际工程中,要根据出水口的流量变化,估算腔体的溶解厚度和腔体的容积,同时再配合一定的测井工艺,定期地对盐岩水平溶腔的形状进行测量,达到合理控制盐岩水平溶

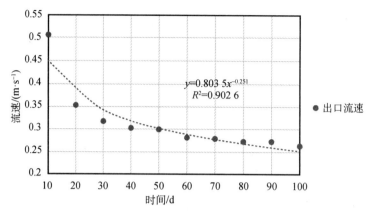

图 6-17　出口流速随时间的变化曲线

腔形状的目的。

3. 注水 100 d 内的腔内盐水浓度变化规律

由浓度场模拟结果可以得到不同注水开采时间下腔内的浓度变化,如图 6-18 所示。

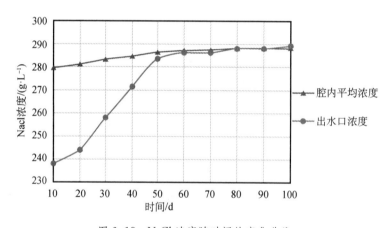

图 6-18　NaCl 浓度随时间的变化曲线

由图 6-18 可以看出,由于在壁面盐岩的不断溶解作用下,腔内盐水的平均浓度和出水口的盐水浓度均随注水时间的增加而呈逐渐增大的规律。同时,在注水开采的初期,腔内的平均浓度和出水口处的盐水浓度普遍较低,注水溶解 10 d 后,出水口的盐水浓度达到 238.3 g/L,腔内盐水的平均浓度为 279.5 g/L。随着注水的不断进行,盐岩在溶解一段时间后,水平溶腔内盐水的浓度均随时间的变化趋于平稳,保持在相对恒定的值,在注水溶解 100 d 后,腔内盐水的平均浓度和出水口的盐水浓度均在 290 g/L 左右。实际工程中,要根据出水口的盐水浓度变化,估算腔体的溶解厚度和腔体的容积,同时再配合一定的测井工艺,定期地对盐岩水平溶腔的形状进行测量,达到合理控制盐岩水平溶腔形状的目的。

4. 注水 100 d 内的腔内盐水温度变化规律

由温度场模拟结果可以得到不同注水开采时间下腔内的浓度变化情况,如图 6-19 所示。

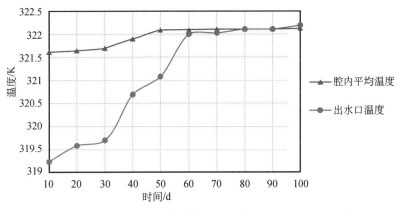

图 6-19　温度随时间的变化曲线

由图 6-19 可以看出,温度随时间的变化规律与浓度随时间的变化规律相似。由于在壁面盐岩的不断溶解作用下,腔内盐水的平均温度和出水口的盐水温度均随注水时间的增加而呈逐渐增大的规律。同时,在注水开采的初期,由于腔体的空间相对较小,从进水口注入的低温淡水还未来得及溶解盐岩,就在流体对流的作用下,从出水口流出,此刻腔内的平均温度和出水口处的盐水温度均相对较低。注水溶解 10 d 后,出水口的盐水温度达到 319.2 K,腔内盐水的平均温度为 321.6 K。随着注水的不断进行,盐岩溶腔的不断扩大,水平溶腔内盐水的温度均随时间的变化趋于平稳,保持在相对恒定的值。在注水溶解 100 d 后,腔内盐水的平均温度和出水口的盐水温度均在 322.2 K 左右,更加接近于盐岩溶腔所处地层温度 323.2 K。实际工程中,要根据出水口的盐水温度变化,估算腔体的溶解厚度和腔体的容积,同时再配合一定的测井工艺,定期地对盐岩水平溶腔的形状进行测量,达到合理控制盐岩水平溶腔形状的目的。

6.6　本章小结

本章系统分析了盐矿开采的各种方法,并对课题组提出的单井水平后退式溶浸开采方法进行了详细阐述。利用 Fluent 软件对工程尺度的岩盐水平溶腔建腔期 THC 耦合作用下的流体运移进行了数值模拟研究,考虑套管间距、注水流量和循环方式三种工艺对水平溶腔流体运移的影响,并对盐岩水平溶腔的边界扩展规律进行了初步研究,得出以下主要结论:

（1）岩盐水平溶腔流体运移是流场、浓度场、温度场三场耦合作用的结果,三场之间相互影响。流体的流动受到腔内盐水浓度驱动力的影响,同时盐水浓度的分布受到流体对流的影响;流体的流动受到腔内温度影响,同时温度的分布受到流体对流的影响;浓度场的分布受温度场的影响。

（2）套管间距对流体运移有一定的影响规律,对流扩散区卤水的平均运移速度随着套管间距的增大,先下降、后迅速上升、再下降。注水流量对流体运移有一定的影响规律,腔内各区域和腔体上壁面边界处的平均流速均随注水流量的增大呈线性增大,腔体下壁面边界处的平均速度几乎不随注水流量的变化而变化。循环方式对流体运移有一定的影响规律,循环方式由正循环变为反循环时,腔内各区域的平均流速均呈现下降的规律,盐水浓度和温度呈上升的规律。基于循环方式对水平溶腔流场、浓度场和温度场的综合评价,采用正循环工艺较有利于盐岩水平溶腔的建造。

（3）盐岩水平溶腔的边界扩展是流场、浓度场和温度场耦合作用的结果。在注水开采初期,腔内流体流动主要集中在进水口与出水口之间,注入淡水对出水口的左端区域扰动几乎很小,该区域的流体流速极小,溶盐高度极小。随着注水时间的增长及溶解的进行,注水口的盐岩溶解高度明显高于出水口,且注水口上部盐岩的溶解高度是整个溶腔内溶解高度最大的位置。

（4）注水周期内出水口流速有一定的变化规律,随着注水时间的增加,出水口流体的流速明显降低,随着溶解的不断进行,腔体的容积不断增加,腔内和出水口流体的整体流速就会降低,但降低的速率逐渐减小。注水周期内腔内以及出水口浓度有一定的变化规律,腔内盐水的平均浓度和出水口的盐水浓度均随注水时间的增加而呈逐渐增大的规律。注水周期内腔内以及出水口温度有一定的变化规律,温度随时间的变化规律与浓度随时间的变化规律相似,腔内盐水的平均温度和出水口的盐水温度均随注水时间的增加而呈逐渐增大的规律。

第7章 层状盐岩大型溶腔应用及其稳定性分析

7.1 引言

盐岩溶腔是指盐岩经水溶开采后所形成的大型地下空间。20 世纪 10 年代,德国人 Erdol 最早提出利用盐岩溶腔储存气体和液体的构想,世界上第一座盐丘/盐层储气库是苏联于 1959 建成的,其后该技术在北美和欧洲得到了推广,法国、德国、英国和丹麦等国相继建成盐岩溶腔储气库。迄今为止,世界上已建成并投入运营的盐岩溶腔储气库有 70 余座,总库容量为 229.42×10^8 m³,工作气量为 161.98×10^8 m³,工作气量占总库容量的 70.6%。

我国对盐穴储气库的研究起步较晚,开始于 1999 年,主要是针对国内的盐矿进行调查,并评价了各盐矿的地质条件。随着"西气东输"战略工程的建设,2001 年启动了建设天然气地下储气库的可行性研究项目,确定了将江苏金坛作为我国第一个盐穴储气库的建库目标;2006 年 8 月完成了金坛第一批 15 口新井的钻井施工作业;2006 年 7 月对 6 口老腔改造与利用的施工作业顺利完成,形成了具有 1.1 万 m³ 储气能力的储气库。2010 年金坛盐穴储气库的总储气量约 1.3 亿 m³,每天能采出 200 万~300 万 m³ 的天然气用于调峰。截至目前,我国已经建成投产的地下储气库有两座,分别是金坛地下储气库和大张坨地下储气库;在建的两座储气库有湖北云应、河南平顶山盐穴储气库。

由于盐岩具有有利的地质条件(盐岩分布广、类型多、规模大、埋藏深度大、盖层隔水性好、少有断裂构造、水文条件简单、地壳稳定无破坏性地震等)和优良的物理力学特性(渗透率小、孔隙率低、结构致密等),目前,盐岩溶腔已经被国际上公认为储存石油、天然气等重要战略物资的理想场所。另外,在高温条件下,损伤盐岩也具有再结晶自愈合特性,使得盐岩溶腔也可以对二氧化碳、核废料等有毒有害物进行有效封存。

稳定性对于地下盐岩油气储库的设计和建造一直以来都是国内外关注的焦点,稳定性对储库形状和尺寸、储库间隔以及储库运营气压等关键因素均提出了限制。盐岩溶腔的稳定性是指单个溶腔的局部稳定性以及溶腔群的整体稳定性。对单个盐岩溶腔的稳定性判断标准主要考虑的是最小内压设计原则、围岩无拉应力原则以及不允许盐岩产生扩容。溶腔群的整体稳定性主要考虑合理的安全矿柱设计,矿柱过大,容易造成资源的浪费,影响其经济性;矿柱过小,容易造成矿柱失稳,引发溶腔坍塌。储库一旦失稳将会引发油气泄露、地表沉陷等严重事故,从而导致人民生命财产的重大损失,因此,保证储库的稳定性成为储库安全运营的基本要求。

德国科学家 Lux 在其理论专著中,总结出评价储库稳定性的三个准则[104]:

(1)片帮准则:盐岩储库在水溶开采时,会引发地应力重新分布,由于盐岩强度较低,在地应力和溶腔内压作用下,在围岩处也经常引发劈裂和脱落;在储库运营过程中,储库运营压力值一旦低于极限最低气压,溶腔侧壁和顶板会产生微裂隙,随着溶腔内压的循环变化,进而扩展成宏观裂隙,直接引发储库顶板或围岩的局部失稳,甚至出现储库整体失稳。因此,无论是储库建造阶段还是运营阶段,盐岩储库必须避免片帮情况的发生。

(2)最小矿柱宽度准则:大型地下盐岩油气储库工程通常是同时包括了多个储库的建造和运营,为了保证库群的整体稳定性,相邻储库之间的矿柱宽度值必须大于保证其稳定的最小宽度值。

(3)蠕变破坏准则:由于盐岩材料本身具有良好的流变性,在地应力和溶腔内压作用下,储库的容积处于一个长期逐渐收敛的过程;为保持储库的有效容积,需对因盐岩蠕变引起的储库收敛问题进行控制;此外,蠕变可能导致储库出现失稳,因此,必须把盐岩的蠕变值控制在合理范围内。

盐岩油气储库的建造是极其复杂的大型地下工程,在巨厚盐丘中油气储库建造和运营技术已相对成熟,国外可借鉴的经验很多,但由于我国的盐岩层含夹层众多,厚度从数厘米至数米不等,且岩性复杂,国外成熟技术无法直接应用于我国的盐岩溶腔储气库。为此,国内科研人员关于层状盐岩中储气库的建造也已进行了大量的理论和试验研究。但截至目前,还没有形成适用于层状盐岩溶腔储气库建造和运营的完整理论体系,并且对于夹层破坏的研究仍然主要集中在实验室内,在油气储库运营阶段,夹层破坏的研究仍然处于空白阶段。

另外,国内外大多数研究集中于"垂直型储库",而中国江苏淮安、湖北云应和河南平顶山等地拥有水平老腔多达 500 个,充分利用现有水平老腔可大幅度缩短建设储气库的时间,对我国战略能源的储备能力将有非常大的提升,水平盐岩老腔改建储气库的意义重大。然而,对于"水平型"盐岩溶腔储气库的研究,国内外鲜见报道。为此,太原理工大学原位改性采矿教育部重点实验室研究团队做了大量研究工作,本章主要介绍研究得出的一些主要结论,为我国盐岩溶腔储库的建造和运营提供理论基础。

7.2 夹层对水平单腔盐岩储库稳定性的影响分析

层状盐岩溶腔除了可以对核废料、二氧化碳等物质进行封存,更主要的是进行天然气等资源的战略储备。江苏金坛盐矿区已建成我国第一座"垂直型"盐岩溶腔储气库并投入运营。本节以金坛盐层的实际地质条件为例,通过确定在此建设水平盐岩溶腔的设计和运营参数,给出水平型盐岩溶腔储库稳定性分析的一般方法,重点研究夹层厚度、夹层位置以及夹层力学特性等夹层变化对建造水平溶腔稳定性的影响。金坛盐矿埋深约为地下1 000 m,其地质剖面如图 7-1 所示。

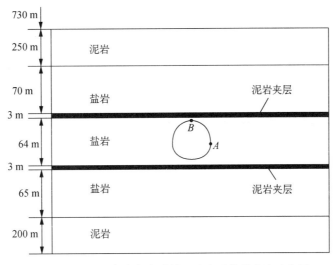

图 7-1　金坛盐岩矿床地质剖面及水平盐岩溶腔示意图

7.2.1　水平盐岩溶腔初步建腔方案及计算结果分析

如图 7-1 所示,设定计算模型区域为一立方体,模型的总高度为 655 m,其中盐岩层及其泥岩夹层的总厚度为 205 m,盐岩层上部为 250 m 厚泥岩层,下部为 200 m 厚泥岩层,根据实际地质情况,有两个厚度约为 3 m 的泥岩夹层从盐岩层穿过。水平盐岩溶腔的特点是在建腔时,能够合理避开厚夹层,因此选择在两个夹层之间建腔。盐岩所在地层已经属于深部地层,经过长期的地质运动以及盐岩本身的蠕变作用,通常可认为该地层盐岩处于静水压力状态。根据本书 5.5 节理论分析结果,溶腔断面形状高宽比为 1 是相对比较合理的,故拟定水平溶腔高度 H 与宽度 W 相等,其断面形状与 5.5 节相同,如图 7-2 所示。为了最大限度地利用盐岩资源,应预留最小的顶盐和底盐厚度,初步选取溶腔高度和宽度均为 30 m,溶腔预留的顶盐和底盐厚度均为 17 m。由于是对称模型,因此取一半来分析,利用 FLAC3D 建立的模型如图 7-3 所示,底面为 200 m×250 m。上覆岩层重量简化为模型上表面的载荷,根据实际地层厚度以及地层密度计算所得的等效载荷为17.25 MPa。模型底面采用固定约束,其余 4 个垂直表面采用法向简支约束,单元类型采用六面体单元。地应力场采用三向等压自重应力场。

泥岩层、泥岩夹层均选取 FLAC3D 通用的 Mohr-Coulomb 材料模型,盐岩层采用国际惯用的改进的 WIPP 模型,根据文献[105]试验数据获得金坛实地的模型的材料参数如表 7-1、表 5-7(第 5 章)。

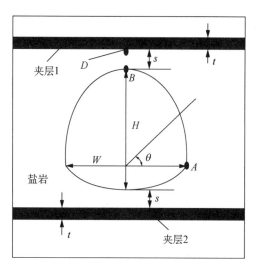

图 7-2　溶腔和夹层局部模型示意图　　　　图 7-3　水平盐岩溶腔网格示意图

表 7-1　　　　　　　　　　　各岩层材料力学特性计算参数

岩层	体积弹性模量 /GPa	剪切弹性模量 /GPa	密度 /(kg·m⁻³)	拉伸强度 /MPa	黏聚力 /MPa	内摩擦角 /(°)
泥岩	7.246	3.937	2 500	1	1	35
泥岩夹层	3.33	1.539	2 450	0.5	0.5	24
盐岩层	15	6.92	2 100	1	—	—

模型的计算步骤：

第一步,施加位移和应力边界条件,且施加自重地应力场,使模型整体达到初始的地应力平衡。

第二步,假设溶腔为瞬间开挖形成,并在围岩施加溶腔内卤水压力。根据溶腔中心埋深,施加卤水压力值为 13.13 MPa(卤水密度为 1 210 kg/m³)。

第三步,溶腔内部保持恒定卤水压力,蠕变 3 个月达到平衡。

盐岩和泥岩破坏的强度条件依然选取式(5-30)中定义的安全系数,若 $SF>1$,材料安全,反之,材料破坏。根据文献[106]的试验结果,盐岩的非线性三剪能量屈服准则拟合参数如表 7-2 所示。

表 7-2　　　　　　　　　　盐岩非线性三剪能量屈服准则拟合参数

岩石类型	拟合参数						
	β	N	D_1	D_2	D_3	D_4	D_5
盐岩	0.037 0	0.493	0.289	1.954	0.866	3.464	0.500
泥岩夹层	0.007 8	0.523	0.235	1.582	0.704	2.817	0.407

根据片帮准则,判断所选取溶腔尺寸的合理性应有以下三个限制条件:第一,开挖以后,在围岩处,不能出现破损区;第二,在顶、底板夹层界面盐岩和泥岩均没有破损区;第三,顶、底板夹层界面没有发生滑移失稳。下面逐一给出计算结果。

　　图 7-4、图 7-5 给出了溶腔开挖平衡后,溶腔围岩周边的安全系数 SF 分布图。可以看出,围岩处安全系数 SF 最小,但均大于1。这表明开挖后,整体处于稳定。溶腔最底部的安全系数要大于顶部,分别为 1.447 和 1.362,在围岩 A 点安全系数最小,仅为 1.197,此处破坏的可能性最大。这与第 5 章 5.5 节分析的结果相一致,A 点的应力状态处于最容易发生强度破坏的位置。在溶腔运营参数(例如极限最低运营气压)的设计中,值得特别关注。

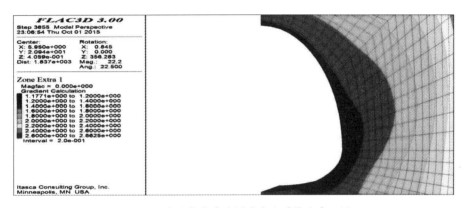

图 7-4　水平盐岩溶腔围岩安全系数分布云图

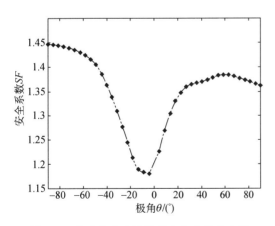

图 7-5　水平盐岩溶腔围岩安全系数分布图

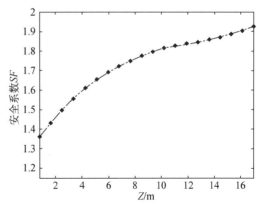

图 7-6　B,D 两点间盐岩安全系数分布图

　　溶腔顶部 B 点距顶部夹层最近,B 点与夹层之间的盐岩受溶腔并挖以及夹层与盐岩变形差异的影响最大。图 7-6 给出了 B,D 两点间盐岩的安全系数变化曲线。可以看出,在 BD 段内,B 点由于受开挖扰动最大,安全系数最低;随着垂直 Z 坐标的增大,受溶腔开挖扰动的影响减小,盐岩的安全系数近似线性增加;当 Z 坐标达到一定高度时,由于

受到夹层的扰动,安全系数增加的速率变缓,但夹层的扰动不足以改变安全系数增加的趋势。

图 7-7 给出了在夹层 1 下界面,上、下泥岩和盐岩的安全系数。可以看出泥岩和盐岩均保持在稳定范围以内;由于受溶腔开挖的扰动较大,对称轴上,即溶腔的正上方泥岩和盐岩的安全性相对最低。图 7-8 给出了夹层 1 下界面的极限最小内摩擦角曲线。可以看出在 $X = 20$ m 时,出现了峰值约为 6.5°,若界面内摩擦角只需保持内摩擦角大于 7.5°,则界面即保持稳定。

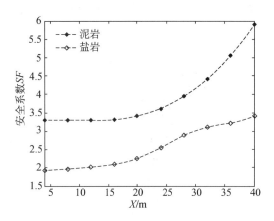 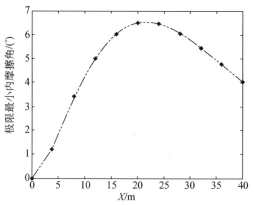

图 7-7　夹层 1 下界面盐岩、泥岩安全系数分布图　　图 7-8　夹层 1 下界面极限最小内摩擦角曲线

总体来看,初选水平溶腔的建腔方案,在开挖后,无论是在围岩,还是在顶板以及顶板夹层界面,均可以保持稳定,因此该方案在建腔初期是合理的。

7.2.2　水平盐岩溶腔稳定性影响因素研究

关于溶腔运营的研究已经很多,其稳定性的主要影响因素涉及极限最低气压、蠕变时间、溶腔的形状和尺寸等,本文在这些因素的基础上,进一步考虑泥岩夹层的变化对盐岩溶腔稳定性的影响。参数化计算方案如表 7-3 所示。

表 7-3　　　　　　　　　　水平盐岩溶腔稳定性参数化计算方案

模型编号	顶盐厚度 /m	溶腔尺寸 /m	溶腔内压 P /MPa	EM/ES	夹层厚度 /m	蠕变时间 /a	备注
初步方案 1	17	30	13.13	0.22	3	0.25	恒压
2	14.5	35	13.13	0.22	3	0.25	恒压
3	12	40	13.13	0.22	3	0.25	恒压
4	12	40	13.13	0.22	1.5	0.25	恒压
5	12	40	13.13	0.22	6	0.25	恒压

模型编号	顶盐厚度 /m	溶腔尺寸 /m	溶腔内压 P /MPa	EM/ES	夹层厚度 /m	蠕变时间 /a	备注
6	12	40	13.13	0.5	3	0.25	恒压
7	12	40	13.13	1	3	0.25	恒压
8	12	40	13.13	2	3	0.25	恒压
9	12	40	13.13	3	3	0.25	恒压
10	12	40	3	0.22	3	20	恒压
11	12	40	6	0.22	3	20	恒压
12	12	40	9	0.22	3	20	恒压
13	12	40	12	0.22	3	20	恒压
14	12	40	18	0.22	3	20	恒压
15	12	40	6～18	0.22	3	20	循环气压

1. 溶腔尺寸的影响分析

从初步方案结果来看，围岩、顶板、夹层各处的安全系数均大于1，溶腔保持稳定，但是从经济性角度来讲，希望最大限度地利用盐岩资源，预留厚度最小的顶盐和底盐，为此，方案2、方案3在保持溶腔断面形状不变及顶盐和底盐厚度相等的条件下，将溶腔的高宽尺寸从初始方案的30 m，分别增加至35 m和40 m，即溶腔顶盐（底盐）厚度分别减少至14.5 m和12 m。从初步方案的结果来看，点 A 在围岩上的安全系数最低，夹层1界面上点 D 处盐岩的安全系数最低，因此，把 A，D 两点作为考查对象。图7-9给出了这两点安全系数随溶腔尺寸的变化，可以看出，随着溶腔高度的增加，A，D 两点的安全系数均逐渐减小，当溶腔高、宽变为40 m时，点 A 的安全系数已经降低至1.059。若增大溶腔尺

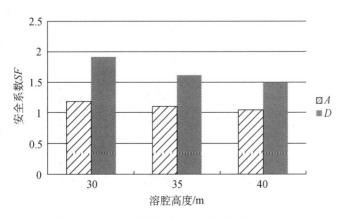

图7-9 A，D 两点安全系数随溶腔尺寸变化图

寸,将引发点 A 发生强度破坏。由此可知,溶腔建腔时的最大尺寸为 40 m。文献[107]指出,溶腔尺寸越小,其稳定性越好,这与本文分析的结果是一致的。

方案 2、方案 3 的夹层 1 下界面极限最小内摩擦角曲线如图 7-10 所示。随着溶腔尺寸的增大,极限最小内摩擦角也同步变大,界面发生滑移的风险也增大,这对界面强度提出了更高的要求,当 $H = 40$ m,界面的内摩擦角必须大于 12° 才可以保持稳定。

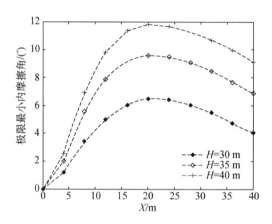

图 7-10 夹层 1 下界面极限最小内摩擦角随溶腔尺寸变化曲线

2. 夹层 1 厚度的影响

方案 3、方案 4、方案 5 分别给出了溶腔尺寸为 40 m,夹层 1 厚度分别为 1.5 m,3 m,6 m 时,A,D 两点的安全系数,如图 7-11 所示。可以看出,夹层厚度的倍增并没有对 A,D 两点的安全系数造成大的影响,两点的安全系数几乎没有变化。夹层 1 厚度对溶腔稳定性的影响可以忽略不计。但从图 7-12 可以看出,夹层 1 下界面的极限最小内摩擦角峰值却随夹层厚度的增加明显提高,滑移失稳的风险明显提高,当 $t = 6$ m 时,界面所需的内摩擦角已经大于 13°。从夹层 1 滑移失稳的角度来讲,夹层厚度越薄越好,建议建腔时,尽量选取夹层厚度薄的位置。

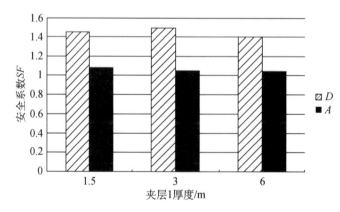

图 7-11 A,D 两点安全系数随夹层 1 厚度变化图

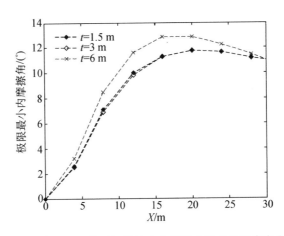

图 7-12　夹层 1 下界面极限最小内摩擦角随夹层厚度变化曲线

3. 夹层材料特性的影响

从图 7-13 可以看出，随着 E_M/E_S 的增大，A，D 两点盐岩的安全系数均有所提高，由于点 A 距夹层较远，其受夹层变化影响不大，提高幅度较小，而点 D 则提高明显。对应于 E_M/E_S 为 0.22，0.5，1，2，3 五种情况下，点 A 的安全系数分别为 1.059，1.081，1.089，1.107，1.11，点 D 的安全系数分别为 1.489，1.635，1.687，1.81，1.814。刚度相对较大的夹层会对盐岩具有一定的保护作用。

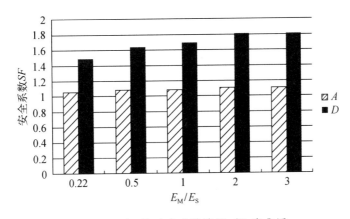

图 7-13　A，D 安全系数随 E_M/E_S 变化图

从图 7-14 可以看出，当 $E_M/E_S < 3$ 时，夹层 1 界面的极限最小内摩擦角峰值随着 E_M/E_S 的增大而变小，滑移风险降低；但 $E_M/E_S > 3$ 后，峰值反而有所增加，滑移风险升高，这是由于夹层与盐岩的变形差异加剧，范围也变大，腔周最大位移点（A）的位移反而变大。因此，从本次计算获得的夹层 1 界面的极限最小内摩擦角来看，$E_M/E_S = 3$ 时数值开始升高。

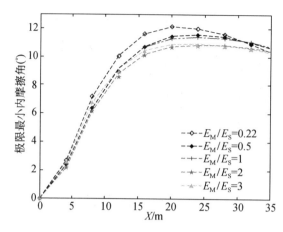

图 7-14　夹层 1 下界面极限最小内摩擦角随 E_M/E_S 变化曲线

7.2.3　极限运营气压的确定及长期流变分析

运营气压一直以来都是盐岩储库设计的关键参数之一,运营气压过低,则可能引起顶板崩塌、围岩剥落、严重影响储库的稳定性,并且造成储库在长期运行过程中,收敛率过大,溶腔体积过小,从而丧失可用性。前面已经给出了开挖后能够保持稳定的水平溶腔的最大高、宽尺寸为 40 m,本节对该尺寸水平盐岩溶腔的极限运营气压进行分析。表 7-4 中,方案 10~14 对该尺寸溶腔进行了不同内压下的长期流变分析,在溶腔开挖结束并保持卤水压力达到平衡后,在随后三个月内,溶腔内压分别线性变化至 3 MPa,6 MPa,9 MPa,12 MPa,18 MPa,而后进行长达 20 年的流变计算。

图 7-15 为 20 年腔体收缩率与溶腔内压关系曲线,内压越低,腔体的体积收缩率越大,减小速率越快。内压为 3 MPa 时,对应于最大体积收缩率达 37.14%;内压为 18 MPa 时,对应于最小体积收缩率仅为 0.392%。

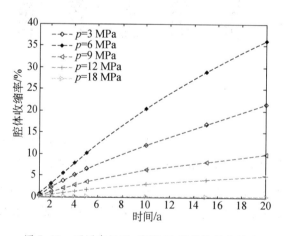

图 7-15　不同内压下,溶腔 20 年的腔体收缩率

图 7-16—图 7-19 分别为溶腔内压为 3 MPa,6 MPa,12 MPa,18 MPa 时,腔体流变 20 年后的安全系数分布云图,可以看出,随着溶腔内压的增大,溶腔周围的塑性破坏区范围明显减小,维持腔内较高内压有利于提高溶腔的长期稳定性。

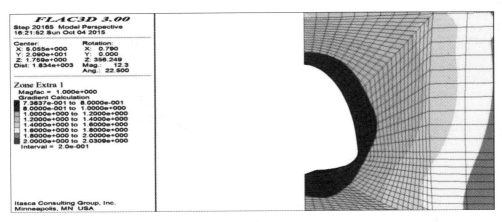

图 7-16　内压为 3 MPa,溶腔 20 年后的安全系数分布

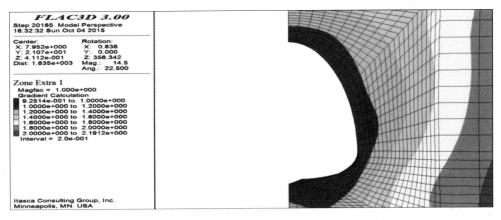

图 7-17　内压为 6 MPa,溶腔 20 年后的安全系数分布

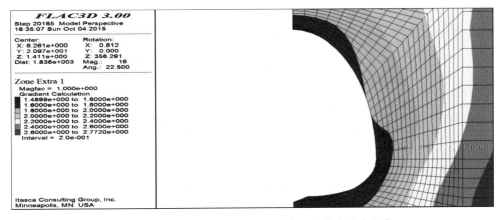

图 7-18　内压为 12 MPa,溶腔 20 年后的安全系数分布

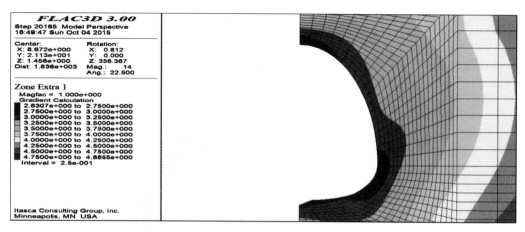

图 7-19　内压为 18 MPa，溶腔 20 年后的安全系数分布

　　通过对溶腔长期流变结果综合分析，在溶腔内压为 3 MPa 时，20 年后的腔周破损区已经从围岩扩展至腔体的周边区域；在溶腔内压为 6 MPa 时，运营 20 年后的腔周破坏区基本维持在围岩很小的区域，可以认为，内压高于 6 MPa 时，溶腔是安全的，极限运行最低气压可取为 6 MPa；在溶腔内压为 18 MPa 时，20 年后的体积收缩率仅为 0.392%，可以预测，当溶腔内压高于 18 MPa，已不存在体积收缩对溶腔可用性的影响，但此时溶腔的密闭性问题就会变得突出。因此，对于该水平盐岩溶腔的气压运营范围确定为 6～18 MPa 是比较合适的。

　　溶腔的长期稳定性除了对腔周破损和体积收缩率提出要求以外，还需对溶腔顶部夹层的破坏进行限制，通过前面的分析，夹层界面材料的安全系数高于围岩，因此对夹层界面材料的安全系数不再校核，仅对夹层界面的滑移风险进行分析。由前面分析可知，溶腔内压越低，界面滑移的风险越大，反之，越安全。因此，只需要对溶腔处于低压 6 MPa 时夹层界面的内摩擦角提出限制。

　　图 7-20 给出了夹层 1 下界面极限最小内摩擦角随流变时间的关系，可以看出，在流

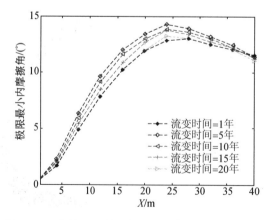

图 7-20　夹层 1 下界面极限最小内摩擦角流变分析

变初期,腔体体积较大时,腔体收缩的速率也较大,引起夹层界面盐岩和泥岩的变形差异的速率也较大,其峰值达到最大14.3°,滑移的风险也最大;随着流变时间继续增大,腔体收缩的速率减小,夹层界面盐岩和泥岩的变形差异的速率趋缓,极限最低内摩擦角峰值有所降低。为了维持夹层界面的长期稳定性,界面的内摩擦角必须大于14.3°。

德国克劳斯塔大学的研究报告[108]指出,为保证储气库长期可用,溶腔内压经过一个循环周期下(1年)的体积收缩率应低于3%,一般要求,储气库运营期间(30~50年),储库累积收缩率低于15%~20%。而溶腔在低压6 MPa下,20年运营的体积收缩率已经达到22%,在实际运营中,溶腔都是处于低压、高压循环注采过程,因此,方案15对溶腔在循环注采气下(6~18 MPa)的体积收缩率进行了计算,如图7-21所示,运营20年后的腔体收缩率仅为3.896%,溶腔完全符合长期使用的要求。

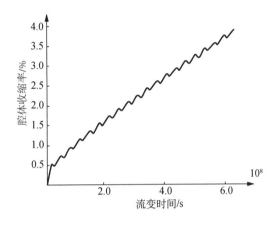

图 7-21　20 年循环注采气,溶腔体积收缩率曲线

7.3　含夹层水平溶腔储库矿柱稳定性分析

　　水平盐岩溶腔的建造可以避开较厚夹层,本书7.2节已经讨论了顶板夹层对单个盐岩溶腔稳定性的影响因素,然而在大多数实际地质条件下,溶腔内部往往分布着厚度只有几厘米或者几十厘米的薄夹层,这些薄夹层在储库群的建设中,对矿柱的安全宽度提出了严格的限制,因此本节对含夹层矿柱的安全宽度进行了分析。

7.3.1　计算模型

　　选取本书7.2节得出的最大尺寸溶腔,即表7-4方案3中的计算模型,模型改为双腔,矿柱宽度 D 与溶腔的水平最宽长度 W 相同,均为40 m。据7.2节可知,溶腔最宽处点 A 是溶腔最危险的位置,同时由于点 A 处的矿柱宽度也最小,该处也是矿柱最容易破坏的位置,为了考查含夹层矿柱的安全问题,本文考虑了最极端的情况,即在点 A 处出现夹层时矿柱的安全问题,在点 A 处设计了一个厚度为 $0.5\,\text{m}$ 的水平内夹层,如图 7-22 所示。各岩层材料模型及参数如表 7-1 和表 7-2 所列。

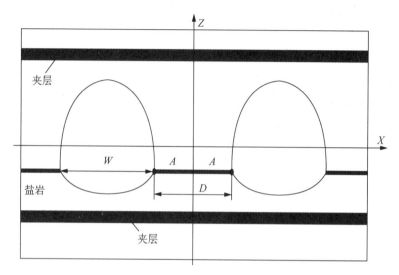

图 7-22　双溶腔和夹层局部模型示意图

7.3.2　同步气压计算方案结果分析

当两个溶腔完成开挖,并达到初始平衡三个月后,参考 7.2.3 节中确定的极限运营气压,溶腔的最低运营气压为 $6\,\text{MPa}$,最高运营气压为 $18\,\text{MPa}$,为考查矿柱的极限安全宽度,在两个溶腔内进行同步注采,气压在三个月内从开挖完成后的 $13.3\,\text{MPa}$ 线性降低至 $6\,\text{MPa}$。由于是对称模型,可以取一半模型进行计算,安全系数的定义与前相同。

图 7-23 给出了气压降低至 $6\,\text{MPa}$ 时矿柱的安全系数分布,从图中可以看出,内夹层

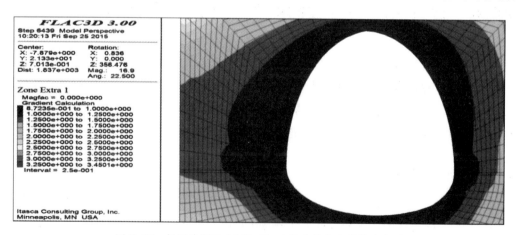

图 7-23　气压降低至 $6\,\text{MPa}$ 时,矿柱盐岩安全系数分布图

对矿柱的稳定性有着明显的影响,在点 A 位置,内夹层附近盐岩的安全系数明显低于其他位置,并且已经出现破损。矿柱的安全宽度直接取决于二者界面材料是否贯通,若在内夹层和盐岩交界面处,内夹层或者盐岩的破坏区域沿水平方向贯通整个矿柱,则矿柱整体破坏。为此,采用与本书 5.5 节相同的方法进行分析,选取矿柱上内夹层下界面上的泥岩单元和盐岩单元进行研究,如图 7-24 所示。两层单元的安全系数如图 7-25 所示。

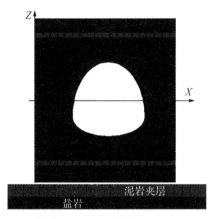

图 7-24 内夹层界面盐岩和泥岩单元示意图

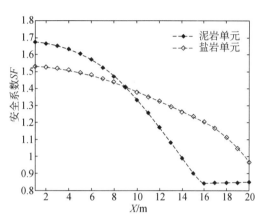

图 7-25 $D=W$ 时,夹层界面盐岩和泥岩单元安全系数 SF 曲线

从图 7-25 可以看出,在矿柱边缘盐岩和泥岩受到内压和造腔扰动影响较大,盐岩和泥岩的变形差异也较大,二者所处的应力状态极差,因此矿柱边缘的安全系数较低,而在矿柱对称轴附近的盐岩和泥岩由于受到内压以及溶腔开挖的影响较小,安全系数较高。泥岩单元和盐岩单元在围岩附近均出现了破损,泥岩夹层的破损长度达到 7 m,接近此处矿柱宽度的 18%;盐岩单元的破损长度较小,仅为 2 m 左右。综合二者破损情况而言,虽然矿柱沿水平方向破坏没有贯通,但其安全性较低,建议增加矿柱宽度,以提高其安全性。

为了计算矿柱的安全宽度,本书计算了矿柱宽度 D 分别为 $2W$ 和 $3W$ 情况下,泥岩单元和盐岩单元的安全系数,如图 7-26、图 7-27 所示。可以看出,随着矿柱宽度的增加,泥岩单元和盐岩单元的安全系数稳步提高,尤其泥岩单元在围岩的破损长度逐步减小,当 $D=3W$ 时,已全部处于安全区域,由此建议溶腔的最小安全宽度为 $3W$。文献[99,109]针对垂直型盐岩溶腔给出的矿柱最小安全宽度为 $2W\sim3W$,但是都没有考虑夹层界面破坏带来的影响,因此本文得出的水平盐岩溶腔矿柱最小安全宽度大于垂直型盐岩溶腔是可以理解的。

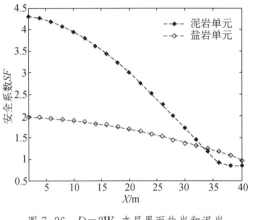

图 7-26 $D=2W$，夹层界面盐岩和泥岩
单元安全系数 SF 曲线

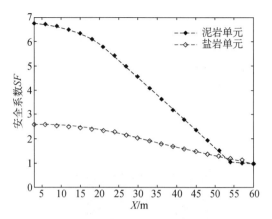

图 7-27 $D=3W$，夹层界面盐岩和泥岩
单元安全系数 SF 曲线

7.3.3　不同步气压计算方案结果分析

在储库群的实际运营过程中，注采气同步条件下，由于矿柱处于对称位置，滑移风险较低，相对保持稳定。与注采气同步相比，矿柱在相邻溶腔注采气不同步的情况下的应力分布规律完全不同，并且矿柱由于左右两个溶腔的压力不同，可能出现界面滑移的风险，矿柱的稳定性大大降低，其最小安全宽度也不同。为了确定在不同步注采气条件下矿柱的最小安全宽度，本节考虑两个溶腔处于最大压差的状态，即在两个溶腔开挖并保持卤水压力 13.13 MPa 三个月达到平衡，在随后的三个月内，左腔气压线性增大至最大气压 18 MPa，右腔气压则线性降低至最小气压 6 MPa，使得两腔达到最大压差 12 MPa。

1. 矿柱内夹层界面滑移破坏分析

初始模型($W=D$)内夹层界面的应力计算结果如图 7-28、图 7-29 所示。可以看出，矿柱垂直应力分布非常复杂，在溶腔附近盐岩和泥岩夹层受到的约束较弱，二者的应力可以经变形而得以释放，从而使得矿柱两个边缘的应力较低，而靠近对称轴较近位置的盐岩和泥岩夹层由于内压和溶腔开挖影响较小，应力值也较低。由于左腔气压大于右腔气压，右腔比左腔受气压影响较大，因此，右腔附近应力明显高于左腔。水平切应力的分布与垂直应力相似，但由于左腔和右腔气压对矿柱的作用方向相反，因此，切应力在两腔附近的符号相反。由于右腔切应力比左腔高一个数量级，而两腔的垂直应力处于同一量级，可以看出，气压低的右腔一侧发

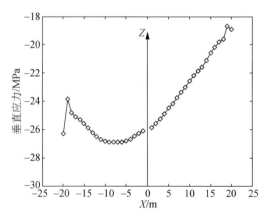

图 7-28 $D=W$，夹层界面法向
应力曲线

生滑移的风险大于左腔一侧。夹层下界面的极限最小内摩擦角,如图7-30所示。右腔附近的极限最小内摩擦角峰值明显大于左腔,故其滑移的风险也较大,因此在不同步气压条件下,只需对气压较低的溶腔附近的滑移提出限制即可,作为本例,界面的内摩擦角只需大于其峰值7.89°,界面即可保持稳定。

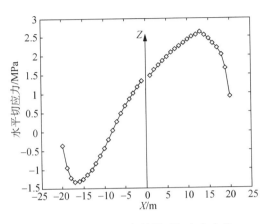

图7-29 $D=W$,夹层界面切应力曲线

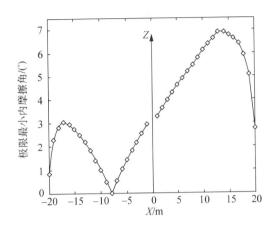

图7-30 夹层界面极限最小内摩擦角曲线

图7-31、图7-32给出$D=2W$和$D=3W$时,夹层界面极限最小内摩擦角曲线。可以看出,随着矿柱宽度的增加,对称轴附近由于受到围岩气压的影响减小,其附近的极限最小内摩擦角逐渐减小,滑移风险降低,但是在围岩附近的峰值却有所增加,围岩处滑移的风险略微变大。

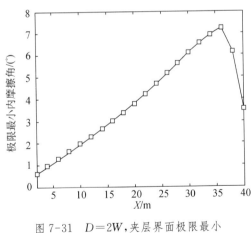

图7-31 $D=2W$,夹层界面极限最小
内摩擦角曲线

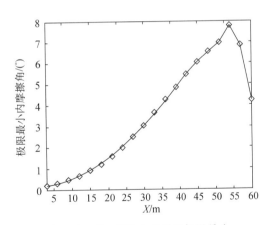

图7-32 $D=3W$,夹层界面极限最小
内摩擦角曲线

2. 矿柱内夹层界面材料破坏分析

从本书7.3.2节已知,夹层界面上,单元破坏通常发生在围岩附近,且泥岩单元比盐岩单元安全系数低,破坏范围广,该泥岩夹层属于软弱夹层,因此,只需对泥岩单元的破坏

提出限制即可。图 7-33 给出了 $D=W$ 时,最大压差情况下的泥岩单元安全系数分布。可以看出,由于左腔气压大于右腔气压,对称轴左侧的安全系数明显高于右侧,左右两腔附近均出现了泥岩破损,左腔的泥岩破损长度达到 5 m,右腔达到 10 m,达到了矿柱宽度的 25%,左腔的破损范围小于右腔。建议增大矿柱宽度。图 7-34、图 7-35 给出了 $D=2W$,$D=3W$ 时,泥岩单元安全系数曲线,当矿柱达到 $3W$ 时,泥岩单元安全系数均大于 1,由此可认定矿柱的安全宽度大于 $3W$。

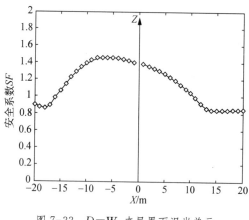

图 7-33　$D=W$,夹层界面泥岩单元
安全系数 SF 曲线

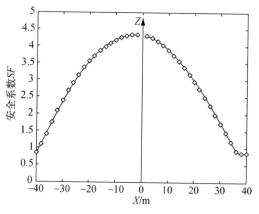

图 7-34　$D=2W$,夹层界面泥岩单元
安全系数 SF 曲线

从图 7-25 和图 7-33 对比分析可以看出,当 $D=W$ 时,不同步注采条件下,右腔附近泥岩单元的安全系数明显低于同步注采条件下的安全系数,且破损范围也从矿柱宽度的 18% 扩大至 25%。但当 $D=3W$ 时,两腔气压的差异对泥岩单元的安全系数以及破损长度影响迅速减弱,两种注采条件下,推荐的矿柱安全宽度相同。同时,不同步注采比同步注采需要多考虑界面滑移的风险,根据界面内摩擦角的大小再次确定矿柱的最小安全宽度。

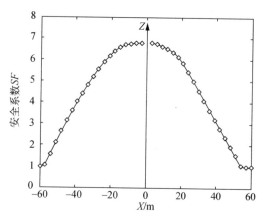

图 7-35　$D=3W$,夹层界面泥岩单元
安全系数 SF 曲线

7.3.4　矿柱稳定性的长期流变分析

本书 7.3.2 节和 7.3.3 节确定出建腔初期,在同步和不同步注采条件下,矿柱的最小安全宽度均为 $3W$。但由于盐岩的流变效应,在溶腔长期的运营过程中,矿柱肯定会受到腔体变形的影响,为此,本节针对两种注采条件下的矿柱安全,对其进行了长期流变稳定性分析。计算模型及材料参数与前两节相同,矿柱宽度取为已经确定的最小安全宽度,即

$D=3W$。

1. 同步注采下矿柱稳定性的流变分析

由前面分析可知,溶腔内压越大,矿柱稳定性越好,为了计算流变对矿柱的最小安全宽度的最大影响,本书采用极端条件进行分析,即两个溶腔在完成本书7.2.2节初期建腔工况后,维持同步溶腔内压值为6 MPa不变,进行20年的流变计算。

图7-36和图7-37分别给出了内夹层界面盐岩和泥岩单元安全系数与流变时间的关系。泥岩单元随流变时间的增加,其安全系数逐渐趋于平均;在流变1年后,对称轴位置的安全系数降低了约1/2;在流变5年直至20年后,整个界面的安全系数接近于1,勉强维持安全。文献[109]指出:在流变载荷作用下,夹层界面的应力进行了重新分布,使得整个夹层界面的应力逐渐趋于均匀,但矿柱中应力在流变5年以后随着流变时间变化很小。这与本书计算的泥岩单元安全系数随流变时间的变化情况是一致的。而盐岩单元安全系数随流变时间稳步提高,这是由于与泥岩相比,盐岩具有良好的流变性,其承受应力可以随变形的增大而得以释放,因而其安全系数有所增加。

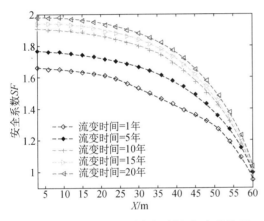

图7-36　$D=3W$,不同流变时间下,夹层界面盐岩单元安全系数 SF 曲线

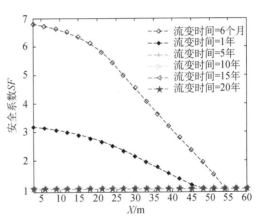

图7-37　$D=3W$,不同流变时间下,夹层界面泥岩单元安全系数 SF 流变曲线

2. 不同步注采下矿柱稳定性的流变分析

本节采取压差最大的条件来计算不同步注采气对矿柱最小安全宽度的影响。在完成初期建腔工况后,左腔维持气压 18 MPa,右腔维持气压 6 MPa不变,进行20年的流变计算。

图7-38、图7-39给出了最大压差条件下,流变20年盐岩和泥岩单元安全系数与流变时间的关系。二者单元的变化情况与同步采气时类似,在流变初期(前5年),整个界面上安全系数均迅速趋于平均。在流变5年后,泥岩单元安全系数维持在1附近,不再变化,而盐岩单元的安全系数则随流变时间的增加而提高。图7-40给出了对称轴右侧,即低压腔一侧夹层界面的极限最小内摩擦角随流变时间的关系曲线。可以看出,腔体流变

对腔内夹层界面的滑移的影响不大,在流变初期5年内,极限最小内摩擦角峰值向围岩移动以外,其大小约为8°,而当流变5年之后,其值基本随流变时间保持不变。

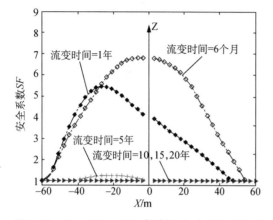
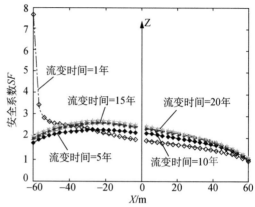

图 7-38 $D=3W$,不同流变时间下,夹层界面泥岩单元安全系数 SF 流变曲线

图 7-39 $D=3W$,不同流变时间下,夹层界面盐岩单元安全系数 SF 流变曲线

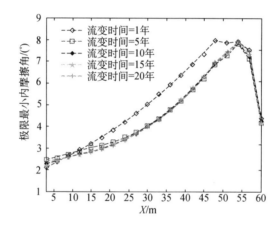

图 7-40 $D=3W$,不同流变时间下,夹层界面极限最小内摩擦角流变曲线

7.4 本章小结

层状盐岩矿床中,夹层和盐岩不同的物理力学特性,直接引发二者在变形上存在很大差异,这种变形差异的存在给水平盐岩溶腔稳定性带来不可忽视的影响,作为溶腔顶部夹层,其变化主要是由于厚度和位置以及本身力学特性等因素引起的;而内夹层不仅对溶腔本身稳定性有影响,更重要的是对矿柱宽度提出了限制。本章以江苏金坛地质条件为背景,针对夹层破坏,对于盐岩储气库的建造及运营过程的影响因素经过进行了参数化数值计算,得出了影响规律,为盐岩储气库的建造和运营提供了坚实的理论基础。

参考文献

［1］ Dale T，Hutrado L D. WIPP air-intake shaft disturbed-rock zonestudy［C］// The mechanical behavior of salt，proceeding of the 4th conference. Chausthal-Zellerfeld，1996：525-535.

［2］ 王清明.盐类矿床水溶开采［M］.北京：化学工业出版社，2003.

［3］ 王方强.盐湖矿床开采［M］.北京：化学工业出版社，1983.

［4］ 徐素国，梁卫国，赵阳升.钙芒硝盐岩水溶特性的试验研究［J］.辽宁工程技术大学学报，2005，24(1)：5-7.

［5］ 徐素国，梁卫国，赵阳升.钙芒硝盐岩溶解特性的试验研究［J］.太原理工大学学报，2005，36(3)：253-255.

［6］ 齐欢.数学模型方法［M］.武汉：华中理工大学出版社，1994.

［7］ 班凡生.盐穴储气库水溶建腔优化设计研究［D］.廊坊：中国科学院渗流流体力学研究所，2008.

［8］ 徐素国.盐岩矿床油气储库建造的基础研究［D］.太原：太原理工大学，2004.

［9］ Sriapai T，Walsri C，Fuenkajorn K. True-triaxial compressive strength of Maha Sarakham salt［J］. Int J Rock Mech Min Sci.，2013，61：256-265.

［10］ 郝铁生，梁卫国，张传达. 基于三剪能量屈服准则的地下水平盐岩储库围岩稳定性分析［J］.岩石力学与工程学报，2014，33(10)：1997-2006.

［11］ Fuenkajorn K，Phueakphum D. Effects of cyclic loading on mechanical properties of Maha Sarakham salt［J］. Engineering Geology，2010，112：43-52.

［12］ Wisetsaen S，Walsri C，Fuenkajorn K. Effects of loading rate and temperature on tensile strength and deformation of rock salt［J］. International Journal of Rock Mechanics and Mining Sciences，2015，73：10-14.

［13］ Roberts L A，Buchholz S A，Mellegard K D，et al. Cyclic loading effects on the creep and dilation of salt rock［J］. Rock Mech Rock Eng.，2015，48：2581-2590.

［14］ Chen Jie，Jiang Deyi，Ren Song，et al. Comparison of the characteristics of rock salt exposed to loading and unloading of confining pressures［J］. Acta Geotechnica，2016，11：221-230.

［15］ Zhu Cheng，Ahmad Pouya，Chloe' Arson. Micro-macro analysis and phenomenological modelling of salt viscous damage and application to salt caverns［J］. Rock

Mech Rock Eng, 2015, 48: 2567-2580.

[16] Bauerl S, Urquhart A. Thermal and physical properties of reconsolidated crushed rock salt as a function of porosity and temperature[J]. Acta Geotechnica, 2016, 11: 913-924.

[17] Liang W G, Yang C H, Zhao Y S, et al. Experimental investigation of mechanical properties of bedded salt rock[J]. International Journal of Rock Mechanics and Mining Sciences, 2007, 44(3): 400-411.

[18] Liu Wei, Li Yinping, Yang Chunhe, et al. Permeability characteristics of mudstone cap rock and interlayers in bedded salt formations and tightness assessment for underground gas storage caverns[J]. Engineering Geology, 2015, 193: 212-223.

[19] Li Y P, Liu W, Yang C H, et al. Experimental investigation of mechanical behavior of bedded rock salt containing inclined interlayer[J]. International Journal of Rock Mechanics and Mining Sciences, 2014, 69: 39-49.

[20] 姜德义,任涛,陈结,等.含软弱夹层盐岩型盐力学特性试验研究[J].岩石力学与工程学报,2012,31(9):1797-1803.

[21] 纪文栋,杨春和,刘伟,等.层状盐岩细观孔隙特性试验研究[J].岩石力学与工程学报,2013,32(10):2036-044.

[22] 张桂民,李银平,刘伟,等.基于沉积特征的层状盐岩界面抗剪强度特性研究[J].岩石力学与工程学报,2014,33(S2):3631-3638.

[23] 刘伟,李银平,尹栋梁,等.含倾斜夹层盐岩体变形与破损特征分析[J].岩土力学,2013,34(03):645-652.

[24] Liang W G, Yang C H, Zhao Y S, et al. Experimental investigation of mechanical properties of bedded salt rock[J]. International Journal of Rock Mechanics and Mining Sciences, 2007, 44(3): 400-411.

[25] 郝铁生.层状盐岩水平储库破坏机理及稳定性研究[D].太原:太原理工大学,2016.

[26] 李银平,刘江,杨春和.泥岩夹层对盐岩变形和破损特征的影响分析[J].岩石力学与工程学报,2006,25(12):2461-2466.

[27] 杨春和,李银平.湖北省云应盐矿能源地下储备地质可储性关键技术研究报告[R].武汉:中国科学院武汉岩土力学研究所,2006.

[28] Wang Tongtao, Yang Chunhe, Yan Xiangzhen, et al. Allowable pillar width for bedded rock salt caverns gas storage[J]. Journal of Petroleum Science and Engineering, 2015, 127: 433-444.

[29] 徐素国,梁卫国,莫江,等.软弱泥岩夹层对层状盐岩体力学特性影响研究[J].地下空间与工程学报,2009,5(5):878-882.

[30] 梁卫国,赵阳升.盐岩力学特性的试验研究[J].岩石力学与工程学报,2004,23(3): 391-394.

[31] 高红波,梁卫国,徐素国,等.循环载荷作用下盐岩力学特性响应研究[J].岩石力学与工程学报,2001,30(s1):2617-2622.

[32] 许江,鲜学福,土鸿,等.循环加卸载条件下岩石类材料变形特性的试验研究[J].岩石力学与工程学报,2006,25(s1):3040-3045.

[33] 许江,杨秀贵,土鸿,等.周期性载荷作用下岩石滞回曲线的演化规律[J].西南交通大学学报,2005,40(6):754-758.

[34] 尤明庆,苏承东.大理岩试样循环加载强化作用的试验研究[J].固体力学学报,2008,29(1):66-71.

[35] 苏承东,杨圣奇.循环加卸载下岩样变形与强度特征试验[J].河海大学学报:自然科学版,2006,34(6):667-671.

[36] 余贤斌,谢强,李心一,等.岩石直接拉伸与压缩变形的循环加载试验与双模量本构模型[J].岩土工程学报,2005,27(9):988-993.

[37] 许宏发,王晨,马林建,等.三轴低频循环荷载下盐岩体积应变特性研究[J].岩土工程学报,2015,37(4):741-746.

[38] 梁卫国,徐素国,赵阳升.损伤盐岩高温再结晶剪切特性的试验研究[J].岩石力学与工程学报,2004,23(20):3413-3417.

[39] Soppe W J, Donker H, Garcia C A, et al. Radiation-induced stored energy in rock salt[J]. Journal of Nuclear Materials, 1994, 217: 1-31.

[40] 梁卫国,张传达,高红波,等.盐水浸泡作用下石膏岩力学特性试验研究[J].岩石力学与工程学报,2010,29(6):1156-1163.

[41] 高红波,梁卫国,杨晓琴,等.高温盐溶液浸泡作用下石膏岩力学特性试验研究[J].岩石力学与工程学报,2011,30(5):935-943.

[42] Hampel A, Hunsche U, et al. Description of the creep of rock salt with the composite model-II Steady-State creep[C]//The 4th conference on the Mechanicals Behave of Salt. Trans Tech Publication, 1996: 287-299.

[43] Cristescu N D. A general constitutive equation for transient and stationary creep of rock salt[J]. International Journal of Rock Mechanics & Mining Science & Geomechanics Abstracts, 1993, 30(2):125-140.

[44] Hunsehe U. Result and interpretation of creep experiments on rock salt[C]//The first conference on the Mechanical Behave of Salt. Trans Tech publication, 1984: 159-167.

[45] Cristescu N D, Paraschive1. Creep and creep damage around large rectangular-like carverns [J]. Mechanics of Cohesive-Frictional Materials, 1996, 1: 167-197.

[46] Durham W B, Olgaard D L, Urai J L, et al. Creep of rock salt at low temperatures [R]. 42nd US Rock Mechanics Symposium, San Francisco, June 29-July 2, 2008.

[47] Charpentier J P. Creep of rock salt at elevated temperature [C]//Proc. 2nd conference Mech. Beh. of salt. Hannover, Trans Tech Pub., Clausthal-Zellerfeld, Germany, 1984: 131-136.

[48] Darrell E, Munson. Analysis of multi-stage and other creep date for domal salts [R]. SAND 98-2276. Prepared by RE/SPEC Ine. Rapid City, SD. Albuquerque, NM: Sandia National Laboratories, 1998.

[49] Udo HUNSCHE, Otto SCHULZE. Effect of humidity and confining pressure on creep of rock salt[M]. Germany: Trans Tech Pub., 1993: 237-248.

[50] Ma L J, Liu X Y, Wang M Y, et al. Experimental investigation of the mechanical properties of rock salt under triaxial cyclic loading[J]. International Journal of Rock Mechanics & Mining Sciences, 2013, 62: 34-41.

[51] Fuenkajorn K, Phueakphum D. Effects of cyclic loading on mechanical properties of Maha Sarakham salt[J]. Engineering Geology, 2010, 112(1-4):43-52.

[52] Lee R, De Souza E. The effect of brine on the creep behaviour and dissolution chemistry of evaporates[J]. Can. Geotech. J. 1998, 35: 720-729.

[53] Werner Skrotzki, Peter Haasen. The influence of texture on the creep of salt[C]// Proc. 2nd Conference Mech. Beh. of salt. Hannover, Trans Tech Pub., Clausthal-Zellerfeld, Germany, 1984: 83-88.

[54] 梁卫国,曹孟涛,杨晓琴,等.溶浸-应力耦合作用下钙芒硝盐岩蠕变特性研究[J].岩石力学与工程学报,2016,35(12): 2461-2470.

[55] 王芝银.岩石蠕变全过程与三轴应力应变曲线的关系研究[A]//中国化学会,中国力学学会流变学专业委员会.中国化学会、中国力学学会第九届全国流变学学术会议论文摘要集[C].中国化学会,中国力学学会流变学专业委员会:中国化学会,2008:1.

[56] 袁鸿鹄,李云鹏,唐明明,等.山岭隧道围岩流变参数识别及应用研究[J].现代隧道技术,2009,46(5):61-65.

[57] Jing L, Tsang C F, Stephansson O. Decovalex: an international co-operative research project on mathematical model of coupled THM processes for safety analysis of radioactive waste repositories [J]. International Journal of Rock Mechanics and Mining Sciences and Geo mechanics Abstracts, 1995, 32(4): 389-398.

[58] Hudson J A, Stephansson O, Andersson J, et al. Coupled T-H-M issues relating to radioactive waste repository design and performance[J]. International Journal of

Rock Mechanics and Mining Sciences，2001，38(1)：143-161.

[59] 唐春安,马天辉,李连崇,等.高放废料地质处置中多场耦合作用下的岩石破裂问题[J].岩石力学与工程学报,2007,26(增2):3932-3938.

[60] 赵阳升,杨栋,冯增朝,等.多孔介质多场耦合作用理论及其在资源与能源工程中的应用[J].岩石力学与工程学报,2008,27(7):1321-1328.

[61] 薛强,刘磊,梁冰,等.垃圾填埋场沉降变形条件下气-水-固耦合动力学模型研究[J].岩石力学与工程学报,2007,26(增1):3473-3477.

[62] 周创兵,李典庆.暴雨诱发滑坡致灾机理与减灾方法研究进展[J].地球科学进展,2009,24(5):477-486.

[63] 陶振宇,沈小莹.库区应力场的耦合分析[J].武汉水利电力学院学报,1988,1:8-13.

[64] Dawson E M, Cundall P A. Cosserat plasticity for modeling layered rock[A]//In: Proceedings of the ISRM Regional Conference on Fractured and Jointed Rock Masses[C]. Berkeley, Califormia: Lawrence Berkeley Laboratory, 1992: 269-276.

[65] Forest S, Pradel F, Sab K. Asymptotic analysis of heterogeneous Cosserat media [J]. International Journal of Solids and Structures, 2001, 38(26/27): 4585-4608.

[66] Guz I A, Soutis C A. 3D stability theory applied to layered rocks undergoing finite deformations in biaxial compression[J]. European Journal of Mechanics (A/Solids), 2001, 20(1):139-153.

[67] 杨春和,李银平.互层盐岩体的 Cosserat 介质扩展本构模型[J].岩石力学与工程学报,2005,24(23):4226-4232.

[68] 张顶立,王悦汉,曲天智.夹层对层状岩体稳定性的影响分析[J].岩石力学与工程学报,2000,19(2):140-144.

[69] 刘卡丁,张玉军.层状岩体剪切破坏方面的影响因素[J].岩石力学与工程学报,2002,21(3):335-339.

[70] 李银平,刘江,杨春和.泥岩夹层对盐岩变形和破损特性的影响分析[J].岩石力学与工程学报,2006,25(12):2461-2466.

[71] 李银平,杨春和.层状盐岩体的三维 Cosserat 介质扩展本构模型[J].岩土力学,2006,27(4):509-513.

[72] Li Y P, Yang C H. On fracture saturation in layered rocks[J]. International Journal of Rock Mechanics and Mining Sciences, 2007, 44: 936-941.

[73] 刘伟,李银平,霍永胜,等.盐岩地下储库围岩界面变形与破损特性分析[J].岩土力学,2013,34(6):1621-1628.

[74] Devries K L, Mellegard K D, Callahan G D, et al. Cavern roof stability for natural gas storage in bedded salt [R]. Rapid City, South Dakota, United States Department of Energy National Energy Technology Laboratory, 2005.

[75] Sriapai T, Walsri C, Fuenkajorn K. True-triaxial compressive strength of Maha Sarakham salt[J]. Int J Rock Mech Min Sci., 2013, 61: 256-265.

[76] Joseph F Labuz, Arno Zang. Mohr-Coulomb Failure Criterion[J]. Rock Mech Rock Eng, 2012, 45: 975-979.

[77] Leandro R Alejano, Antonio Bobet. Drucker-Prager Criterion[J]. Rock Mech Rock Eng, 2012, 45: 995-999.

[78] Erik Eberhardt. The Hoek-Brown Failure Criterion[J]. Rock Mech Rock Eng, 2012, 45: 981-988.

[79] Stephen Priest. Three-Dimensional Failure Criteria Basedon the Hoek-Brown Criterion[J]. Rock Mech Rock Eng, 2012, 45: 989-993.

[80] Wiebols G A. Cook N G W. An energy criterion for the strength of rock in polyaxial compression[J]. Int J Rock Mech Min Sci, 1968, 5: 529-549.

[81] Zhou S A. Program to mode the initial shape and extent of borehole breakout[J]. Comp Geosci, 1994, 20(7-8):1143-1160.

[82] Lade P, Duncan J. Elasto-plasticstress-strain theory for cohesion less soil[J]. J Geo tech Eng Div ASCE, 1975, 101: 1037-1053.

[83] Spiers C J, Peach C J, Brzesowsky R H, et al. Long term rheological and transport properties of dry and wet salt rocks[R]. EUR11848, University of Utrecht, Utrecht, Netherlands, 1988.

[84] Ratigan J L, Vogt T J. A note on the use of precision level surveys to determine subsidence rates[J]. Int J Rock Mech Min Sci, 1991, 28(4):337-341.

[85] Hunsche U. Failure behaviour of rock around underground cavities [R]. Proceedings, 7th Symposium on Salt, Kyoto International Conference Hall, April 6 - 9, Kyoto, Japan, Elsevier Science Publishers B. V., Amsterdam, The Netherlands, 1993, 1: 59-65.

[86] Schmidt U, Staudtmeister K. Determining minimum permissible operating pressure for a cavern using the finite element method[J]. Storage of Gases in Rock Caverns, Nilsen & Olsen (eds.), Balkema, Rotterdam, 1989: 103-113.

[87] Hatzor Y H, Heyman E P. Dilation of anisotropic rock salt: evidence from mount sedom diaper[J]. Journal of Geophysical Research, 1997, 102(B7): 14853-14868.

[88] 郑颖人,孔亮. 岩土塑形力学[M]. 北京:中国建筑工业出版社, 2010: 79-88.

[89] 高红,郑颖人,冯夏庭. 岩土材料能量屈服准则研究[J]. 岩石力学与工程学报,2007, 26(12):2437-2443.

[90] Austinmw, Bray J W, Crawford A M. A comparison of two indirect boundary element formulations incorporating planes of weakness[J]. International Journal of

Rock Mechanics and Mining Sciences & Geomechanics Abstracts，1982，19（6）：339-344.

［91］ Martin C D，Kaiser P K. Hock-Brown parameters for predicting the depth of brittle failure around tunnels［J］. Canadian Geotechnical Journal，1999，36（1）：136-151.

［92］ 赵文.岩石力学［M］.湖南:中南大学出版社,2010.

［93］ 唐立民,周承倜.非圆洞孔的应力集中问题［J］.大连工学院学刊,1959,6:49-70.

［94］ 白茉莉,赵星,李元新,等.椭圆型孔口周围全空间应力场分布的复变函数解法与仿真分析［J］.辽宁工业大学学报,2012,2(1):67-70.

［95］ 穆斯海里什维里.数学弹性力学的几个基本问题［M］.赵惠元,译.北京:科学出版社,1962.

［96］ 路见可.平面弹性复变方法［M］.武汉:武汉大学出版社,2005.

［97］ 黄民海.带圆洞的不同材料拼接的弹性平面问题［J］.广西工学院学报,1994,5(1):7-11.

［98］ Gang Han，Mike Bruno，Khang Lao，et al. Gas storage and operations in single bedded salt caverns：stability analyses［R］. SPE Gas Technology Symposium, Calgary，Alberta，Canada，2006.

［99］ 杨春和,李银平,陈峰.层状盐岩力学理论与工程［M］.北京:科学出版社,2009.

［100］ Wang G J，Guo K M，Mark Christianson，et al. Deformation characteristics of rock salt with mudstone interbeds surrounding gas and oil storage cavern［J］. International Journal of Rock Mechanics & Mining Sciences，2011，48：871-877.

［101］ Wang TongTao，Yang Chunhe，Yan XiangZhen，et al. Allowable pillar width for bedded rock salt caverns gas storage［J］. Journal of Petroleum Science and Engineering. 2015，127：433-444.

［102］ 郭印同,杨春和.硬石膏常规三轴压缩下强度和变形特性的试验研究［J］.岩土力学, 2010,31(6):1776-1780.

［103］ 李宁. 传热—对流—传质耦合作用下盐岩水平溶腔的流体运移［D］. 太原理工大学,2017.

［104］ Lux K H. Gebirs mechanischer Entwurf und Felderfahrun gen im Salzkavernenbau［M］. Studdgart：Ferdinand Enke Verlag，1984.

［105］ 梁卫国,赵阳升,杨春和. 盐岩矿床内油气储备和核废料处置［J］.太原理工大学学报,2005,36(4):440-443.

［106］ 陈锋.盐岩力学特性及其在储气库建设中的应用研究［D］.武汉:中国科学院武汉岩土力学研究所,2006.

［107］ Gang Han，Mike Bruno，Khang Lao，et al. Gas storage and operations in single bedded salt caverns：stability analyses[R]. SPE Gas Technology Symposium，Calgary，Alberta，Canada，2006.

[108] 候正猛.金坛地下储气库 15 口采卤溶腔稳定性评价技术服务报告[R].德国：克劳斯塔大学,2004：18-25.

[109] Wang Tongtao，Yang Chunhe，Yan Xiangzhen，et al. Allowable pillar width for bedded rock salt caverns gas storage[J]. Journal of Petroleum Science and Engineering. 2015，127：433-444.